JN276701

筑摩選書

加藤文元
Kato Fumiharu

数学の想像力

正しさの深層に何があるのか

数学の想像力　目次

数学の想像力

正しさの深層に何があるのか

第1章
背理法の音楽

音楽と数学

「数学と音楽は似ている」とよく言われる。そのような感覚を持つ人は多いようだ。特に、数学の専門家や教師などには際立って多い。たとえ専門家ではなくても、数学と音楽の両方を愛好する人たちにとって、これは共通する感覚でもある。ただ漠然とこの両者の間に相似点が多いという感じ方もあるだろうし、もっと踏み込んで、数学と音楽がその底流の深いところで繋がっているという感覚を持つ人もいるだろう。いずれにしても、不思議な感覚であることは間違いない。

特に根拠があるわけではない。どことなく漠然と感じられる印象でしかない。それだけに、この「似ている」という感覚を筋道立てて説明するのは難しい。ある人は数学の理論の中にも何らかの情緒性を見出すことで、そこに一つの音楽を聴きだす。またある人は、逆に、楽曲の構成をアナリゼする中に、数学的な論理性を見出すこともあるだろう。筆者などは普通に音楽を聴きながら、突然、数学記号や数式が頭に現れることがあり、しかもそれらの現れ方がとても自然なので、かえって驚いてしまうことがある。

歴史を顧みても、有名な数学者・科学者の中には音楽を愛し、音楽に深い造詣を持つ人が多い。アインシュタインが「死とはモーツアルトが聴けなくなることだ」と言ったことは有名である。最近でもヨーロッパのとある数学者は、その退官講演で数学ではなく音楽理論の講演をした。また数学者と音楽家が同一の一族から輩出されることも少なくない。有名な指揮者ヴィルヘルム・フルトヴェングラーの又従兄弟には、これも有名な数論学者のフィリップ・フルトヴェングラーがいる。実際、このような家系の例は、現在でもかなり多く見受けられる。音楽家になるまでには到らなくても、筆者の身の周りの数学者の中には、相当なピアノの腕前の持ち主が、明らかに平均よりも多くいる。さらに歴史を遡っていくならば、そもそも古代ギリシャ文明のピタゴラス学派においては数学と音楽は渾然一体としていたのであった。そして、これをもって数学と音楽が似ていることの、少なくとも歴史的な根拠だと考える人も多い。

どういうわけかわからないが、とにかく数学と音楽は似ている――こう感じることの不思議さは、当然ながら、数学と音楽がそもそも非常に異なった世界に属するものに見えるというところに由来している。数学は、少なくとも多くの人々が持っている印象としては、極めて論理的な学問である――実は決してそうではないということを論じるのが、本書の一つの主題であるのだが――のに対して、音楽は少なくとも非専門家にとっては感性で楽しむものだ。その意味では、数学と音楽の違いは歴然としている。その違いは論理対直観という単純な図式のみならず、理性対感性、散文対韻文、左脳対右脳といった二分法に代表される人間の認識能力のあり方の両極端を、まさに代表しているとも言えるだろう。「数学的な思考」と言えば、何か理屈っぽい考えをすることのように思われるが、その反対に「まるで音楽を聴くように理解する」というと、理屈を介さずに直接マインドで理解することを意味している。

このように、数学と音楽は互いに全く両極端にあるもので、本来ならば似ても似つかないものであるはずである。その二つが、特に確固とした根拠があるわけでもないのに、何となく似ている。似ているどころか、何かもともとは同じであったものが、たまたま違って見えているだけのようにも感じられることがある。まさにここに不思議さの源泉があるのだ。

「流れ」

数学と音楽が似ていると感じられる理由の一つとして、「論理」というものがいつも決まって「流れ」を構成する、そしてその流れとは優れて音楽的な流れとよく似たものであるということが挙げられる。その意味では、本来は数学だけでなく、およそ論理的な思考に依拠した学問はどれでも多かれ少なかれ音楽に似ているはずだ。ただ、数学においては論理性が特に強調されることから、よく音楽と比較されるということなのかもしれない。

「論理」は必ず「流れ」を伴って現れる。いや、それだけではなく、そもそも論理と流れとは同一のものだ。

そもそも「流れ」とは何であろうか。世の中には様々な「流れ」がある。例えば、河の流れや雲の流れのように現象として目に見えるものもあるし、これら自然界にある流れを抽象すれば、物理や数学であつかわれる流れ flow の概念になる。しかし、今我々が問題にしている「流れ」は、このようなものとは若干異なっている。自然現象的なものと無関係ではないにしても、それそのものではない。そして、このような意味での流れの正確な定義や説明は、筆者の知る限り、あまりなされてはいないようだ。それもそのはずで、ここでいう「流れ」という概念をいくつかの性質で簡単に特徴付けることは、とてもできそうにないのである。「音楽における流れとは何か?」という問いは、そもそも「音楽とは何か?」という問いと同じくらい根本的なものであろう。それだけに、そこにはなかなか曰く言い難いものがある。

この一言では言いづらい「流れ」というものを、敢えて簡潔な言葉で定義してみようとするならば、おそらく次のようなものになるだろう。

流れとは〈始まり〉と〈中間〉と〈終わり〉を持った一つのユニットである。

ここでは「ユニット」という、多少なりとも曖昧さの残る言葉を用いたが、これは状況に応じて「フレーズ」や「物語」などと置き換えてもよい。いずれにしても、大事なことは〈始まり〉と〈中間〉と〈終わり〉という三つの過程を通して、一つの(一貫した)内容もしくは印象を表現するものであるということだ。

この意味での「流れ」の概念は、特に音楽においてはわかりやすい。流れとは、例えば一つのフレーズである。フレーズには歌いだしがあり、中間の盛り上がりがあり、収まりがある。それによって一つ一つのフレーズに内容が宿り、色がつけられ、主張が籠められる。そして、このようなフレーズが幾重にも重なり合い、また前後に続いていくことで、一つの曲というストーリーが完成されるのである。

このようなことは、もちろん、音楽だけにとどまらない。例えば書道においては「起筆・送筆・収筆」という言葉があり、これがまさにそれぞれ〈始まり〉と〈中間〉と〈終わり〉を表している。筆を紙に置く（起筆）ときから始まって、一つの字画を描画（送筆）し、最後に撥ねや払い、止めなどで締めくくる（収筆）。こうして描かれる一画一画が、それぞれ一つ一つのフレーズなのであり、それらが重層的に重なり合うことで、一つの文字というストーリーに完成するというわけだ。

「流れ」の自己相似性

今、一つ一つのフレーズが重層的に重なり合うと述べたが、まさにここに「流れ」の〈自己相似性〉の端緒がある。流れは単に重なり合うだけではない。特に音楽において顕著であるが、一つ一つの流れは、必ず多くの小さな流れが組み合わされてできている。そしてそれら小さな流れは、さらにまた、より小さい流れのユニットから構成されているというように、流れには必ず自己相似的な入れ子構造がある。大域的な視点で見るならば、そもそも一つの曲そのものが一つの流れなのであり、それは幾重にも入れ子になって積み重なった局所的な流れ（テーマやフレーズなど）の一つ一つから構成されているのである。

「流れ」とは一つのフレーズであり、一つのストロークであり、一つのストーリーである。しかし、それは一つだけで存在するものでは決してなく、局所性と大域性の両面を宿しながら、豊かな自己相似的構造を孕みつつ存在しているのである。

論理的推論

さて、「論理」の話に戻ろう。論理は常に、今述べた意味での「流れ」を伴って現れる。流れのない論理というものは存在しない。というのも、論理の過程にも必ず〈始まり〉と〈中間〉と〈終わり〉があるからである。論理におけるこの「流れの三要素」は、それぞれ「仮定・推論・結論」と呼ばれるものである。

論理による論証という行為の背後には、必ず「仮定」が存在している。何も仮定しないところから、何らかの内容のある主張を導くことは不可能だ。実際、論証における最も基本的なユニットは、

Ｐならば Ｑ

という図式で表される。言わば論証における最小単位のフレーズとでも言い得る、この図式の中では、Ｐが仮定を、そしてＱが結論を表している。ＰとＱをつなげている「ならば」という部分

が、言わば（最も単純な）推論過程である。この「ならば」をしばしば矢印「⇓」で表し、

P⇓Q

と書かれるが、これこそまさに、この図式が推論における一つの「流れ」を表現していることを象徴的に物語っている。

実際の論理・推論過程は、この「P⇓Q」という最小単位が幾重にも入れ子になり重なり合ってできている。その連なりが多くなればなるほど、最初の過程から最後の結論までの心理的距離は増大し、一見突飛な結論に導かれることもある。これを風刺的に用いた日本のことわざに「風が吹けば桶屋が儲かる」というのがあるのは、読者もよくご存知だろう。この一見とんでもない推論を最小単位に分解してみると、次のようになる。

①「風が吹くと、土ぼこりがたつ」
②「土ぼこりがたつと、人の目に入る」
③「人の目に入ると、目が見えなくなる」
④「目が見えなくなると、三味線がよく売れる」
⑤「三味線がよく売れると、猫が減る」
⑥「猫が減ると、鼠が増える」

⑦「鼠が増えると、桶が齧られる」
⑧「桶が齧られると、桶がよく売れる」
⑨「桶がよく売れると、桶屋が儲かる」

ここでは全部で九つの「P⇒Q」にまとめたが、その一つ一つにおいては、仮定と結論の間の距離感は「⇒（ならば）」で結んでも心理的にも無理のない（多少の無理はあるが）程度のものである。しかし、それらが多く連なると、結局「風が吹けば桶屋が儲かる」というおかしな命題に到るわけだ。

似たような例は他にもいろいろある。シャーロック・ホームズの大胆な推理はワトソン先生をしばしば驚かせる。しかし、その推論過程を一つ一つ分析していくと、意外にあっけないほど単純なユニットに分解されてしまうことが多い。このようなエピソードはホームズ譚の随所に織り込まれているので、ご存知の読者も多いだろう。

三段論法――最小の入れ子構造

「風が吹けば桶屋が儲かる」の推論構造は、上述のように九つの基本ユニットから成っており、それらが連なってできている。一番目のユニットの結論は、二番目のユニットの仮定となり、そこで得られた結論が、また次の三番目のユニットの仮定となる。このような「結論を仮定へと受け継ぐ」という論理の合成の仕方は、音楽においてもフレーズからフレーズへの受け渡しという形で典型的に用いられているものだ。最初のフレーズが何らかの音楽的内容を（結論として）提示すれば、それを（仮定として）受け継いで次のフレーズがさらに一層発展させる、という形のものである。言わば、流れを合成する上での最も基本的な方法であると言えるだろう。このような論理の流れを音楽の流れに喩えて表現するならば、「風が吹けば桶屋が儲かる」という曲は九つのフレーズが直線的に繋がってできた単旋律の流れを持つ曲であると言えそうである。

ところで今、単旋律（モノフォニー）という言葉を使うことで、上述の推論構造がいかにも簡単なものであるかのような印象を与えたかもしれない。しかし、実はこの単旋律的な流れの構造には、今述べたような単純な説明だけでは説明しきれない複雑な側面がある。というのも、ここには大小のフレーズが入れ子になって積み重なっている入れ子構造の、最も基本的な状況を見ることができるのだ。例えば、次のような二つのフレーズを見てみよう。

（A）「智に働けば角が立つ」

（B）「角が立てば住みにくい」

この二つのユニットを組み合わせれば、

（C）「智に働けば住みにくい」

ということになる。

問題は、この「組み合わせる」というところにある。これこそが、まさにフレーズの合成として今までにも何度も使われてきた操作であるが、実はここにもまた、一つの推論過程があることに気付く。つまり、「（A）と（B）を合成して（C）という新しいユニットを得る」という操作そのものが、また一つメタな、つまり一つ階層の高い場所で論理ユニットを構成しているのである。

もう少しわかりやすく説明しよう。今考えている推論の仮定を図式化すると、次のようになる。

（A）かつ（B）ならば（C）

ここでは、「（A）かつ（B）」が全体で一つの〈仮定〉を構成しており、そこから「ならば」という推論を経て（C）という結論に到っている。しかし、この（A）や（B）や（C）も、それぞれに一つの推論単位なのであった。つまり、この図式はさらに正確に書くと、

P⇒Q かつ Q⇒R ならば P⇒R

という形のものになる。ここでは、「P⇒Q」などの基本的な論理の流れが、もう一段高いレベルの「ならば」によって結ばれることで、その全体が一つの流れを構成している。逆に言えば、

全体という論理ユニットの中には、いくつかの論理ユニットが入れ子になって入っているわけだ。

この一般的な〈流れの合成〉図式、「P⇒Q かつ Q⇒R ならば P⇒R」は、一般に「(仮言的)三段論法」と呼ばれているものである。「風が吹けば桶屋が儲かる」のような〈単旋律的〉な推論構造においても、九つの推論単位を合成するときに、この三段論法という図式が繰り返し用いられている。その意味では、その過程は単に直線的なものでは決してなく、幾重にも高位の流れが覆いかぶさった、かなり複雑な構造をしているものであることがわかるであろう。最初の二つ「風が吹くと、土ぼこりがたつ」と「土ぼこりがたつと、人の目に入る」から「風が吹くと、(土ぼこりが)人の目に入る」を導くときに、すでに一段階層の高い流れが現れている。そしてそれを次のユニット「人の目に入ると、目が見えなくなる」と合成するときに、また一段高いレベルでの流れが現出する——このような、ちょっと複雑な入れ子構造があり、人間の判断力はこれを自然なものとして認知しているわけだ。考えてみれば、不思議なことである。

論理と流れ

このように一見単純な推論過程も、「流れ」の重なりという視点から眺めれば、かなり複雑な構造を孕んでいることがわかる。このようなことは音楽においても同様である。例えばグレゴリオ聖歌のような単旋律の、一見単純な楽曲の中にも、フレーズとフレーズが組み合わされる中に高位のフレージングを汲み取ることが可能であろう。そしてそれらがさらに組み合わされれば、さらに高位の流れが生じるのである。

「起承転結」という言葉があり、これが物語の流れとしては基本的なものとされる。そして、「流れ」というからには、必然的にここにも論理的な構造があり、それは決して単純なものではない。「起」や「承」などは、それぞれ一つ一つの（同じ階層にある）論理ユニットであり、その各々はまた一段階層の低い論理ユニットから構成されている。「起」から「承」への受け渡しは、音楽などに典型的に見られるような、前のフレーズを受けて発展させるというタイプの合成法であり、その意味では前述のように一つの三段論法である。そしてそれをひとまとめにした「起承」と新たに登場した「転」を、さらに新たな三段論法で合成することで、最終的な「結」に到る。簡単に言えば、これが「起承転結」という流れの基本構造ということになるだろう。

このようなことを論じ始めると、世の中には、様々な〈流れ〉の例が存在しており、それぞれに興味深い構造を持っていると思われてくるであろう。実際、それらのうちのいくつかには、すでに「ソナタ形式」や「三部形式」といった名前が付けられている。およそ人間が仕出かす行為には、決まって何らかの流れがあり、流れの重なりによってできた構造が必ずある。「流れ」とは極めて人間的なものなのであり、その意味では、まさに人間性の一つの現れなのだ、と言っても過言ではないだろう。

以上、論理的な推論過程には、極めて典型的に「流れ」が生じること、そしてその流れとは、全く音楽的な意味での流れと同一のものであることを述べた。そしてこれが冒頭にも述べた「数学と音楽は似ている」という通説に対する一つの説明となり得ることも、前に述べた通りである。実際、数学における定理の証明は、多少なりともシャーロック・ホームズ的な意味での推論過程、つまり仮定から出発して目標とする結論に到るまでの論理ユニットの入れ子的組み合わせという形で与えられる。それはつまり、フレーズの組み合わせであるという意味では、全く音楽における楽曲と同じものなのだ。住んでいる世界は違っていても、構造という観点からは、実は同等のものである。これが数学と音楽の間の不思議な共通点を説明する（あくまでも一つの）根拠なのである。

しかし、論理と流れの関係がここまで明らかになってくると、そもそも論理と流れとは同じものなのではないかとも思われてくるであろう。今までは「論理とは流れである」ということを説明してきたのであるが、ここで発想を逆転して「流れとは論理である」と宣言してはばかりない感じがしてくるのは筆者だけではないだろう。

そもそも「流れ」とは何であったか。それは、

〈始まり〉と〈中間〉と〈終わり〉を持った一つのユニット

であった。「流れとは論理である」とは、言い換えれば、いかなる流れにおいてもその〈始まり〉と〈終わり〉を繋ぐ〈中間〉に、何らかの意味で論理的な推論過程が存在している、ということにもなるだろう。これを数式や言葉で表現したものが数学であり、音の連なりや重なりによって体現したものが音楽である。しかるに、音楽とは極めて論理的な精神活動なのだ。

もちろん、ここで言っている意味での「論理的」という言葉は、数学や科学におけるものより

も広い意味に解釈しなければならない。全く数学的な流ればかりで音楽を作ったら、それはさぞかし退屈なものになるだろう（実は決してそうではないと筆者は思うのだが）。一見不自然な跳躍や大胆なギャップ、予想もできなかった飛躍といったダイナミックな変化があってこそ、音楽は生き生きとしたものになる。しかし、そうではあっても、それを我々が聴いてそれなりの主張・印象を感得する限り、そこには何らかの流れがあり、何らかの意味で自然性があるはずであり、そしてその自然観の範疇における論理的な繋がりにしたがって曲は進行しているはずである。そのような、非常に広範囲な意味での論理性——人間性と言ってもよい——を認める限り、流れは必ず論理的である。書道においては、一画一画が一つの論理ユニットであった。実際「書の一画一画にはそれぞれに論理がある」と言うと、必ずしも奇想天外には聞こえないから不思議である。

「起承転結」に「転」があるのと同様に、論理的な流れにおいては、しばしば何らかの意外性や大胆な場面転換がある。そこには確かに心理的な跳躍はあるが、論理的にはそれほど大きな距離感はないことが多い。大事なことは起承転結の全体が一つのストーリーとして首尾一貫していることである。音楽や物語などにはそれぞれにストーリーが展開される場所があるように、数学においても議論が展開される世界がある。それは代数や幾何や解析といった数学理論の枠組みであり、音楽や物語が住む世界と同様に、必ずしも具体的な現実世界にはない抽象性を有している。しかし、いかにシュール・レアリスティックな世界においても、その世界の中での論理があり、その論理に沿った過程を経ることで首尾一貫したストーリーを創出することができるのだ。「首尾一貫している」、つまり、その証明や楽曲や物語や書道の書が一つの大域的ユニットとしてまとまるためには、それを構成する一つ一つの局所的な流れの成分が、それぞれの枠組みの中でそれぞれの意味において論理的であることが要求されるわけである。

その意味においては、本来、音楽とは極めて論理的な人間の精神的活動の所産とみなすことができる。どんな楽曲も、それを聴いた後には何らかの印象を聴いた人の心に残すであろう。もちろん曲によっては非常にしっかりした内容や、ストーリー性の強い主張を持ったものもあり、そのような曲においてはそれが展開する「論理」は、かなりはっきりしていることが多い。しかし、たとえそうではなくても、曲が何らかの印象を与える以上、何らかの意味での主張を、それぞれの音楽は提示しているのだ。これはつまり、一つ一つの曲、あるいは一つ一つのフレーズが何らかの〈仮定〉から始まり〈推論〉して〈結論〉を出すという流れを備えているからに他ならない。そしてフレーズ間の受け渡しにおいては〈結論〉を〈仮定〉として受け渡すという三段論法が、あらゆる階層で用いられる。そうであるからこそ、自然なフレージングや首尾一貫した音楽の構成が可能なのである。

まさに「論理とは流れ」であり「流れとは論理」である。

音楽的な数学

数学と音楽はどこまでもよく似ている。そこにはおそらく多くの理由があるであろうし、それらの理由のどの一つをとっても、単純な言葉では曰く言い難いものがあるであろう。だから、今まで述べてきたその根拠なるものも、あくまでもある一面だけを、さらにいくぶん簡素化して述べたに過ぎない。しかし、そうは言っても、そこからの広がりの中には無視できない興味深い側面も多くある。

今まで述べてきたことは、数学と音楽の相似性の根拠の一つには、

論理 ＝ 流れ

という方程式があるということであった。そして、この方程式は数学の住む世界と音楽の住む世界を橋渡す、つまり数学語と音楽語の間の翻訳機能をも担っている。音楽から論理を見出すこと——これは楽曲のアナリゼをする人なら、常にやっていることであろう——と、数学の論理の流れの中に音楽的な形式を見出すことは、言ってみればこれら二つの世界の間を橋渡しする翻訳作業なのであり、右の方程式はその際の「比較定理」を与えているわけだ。

翻訳作業が進めば、それぞれの数学にそれぞれの音楽が対応している様子を見出すことができる。そこには個人的な好みや思い入れが反映されるかもしれないが、概して客観的な対応関係が生まれるものと期待される。実際、様々な理論、証明、証明法、定理などに、それぞれ対応する音楽を見つけようとすることは、それほど奇想天外なことではない。数学の世界にはワグナー的な理論もあれば、バッハ的な証明もある。天才にしか書けない楽譜というものがあるように、天才にしか書けない証明というのもある。モーツアルトやシューベルトを聴くように、ガウスやリ

ーマンの著作を読むこと、つまり本物から学ぶことが大事だと言われる所以でもある。

背理法

このような翻訳作業を進めていくことは楽しい。そこには思いもよらない発見もあるだろう。実際、この作業を進めていくと、直にある一つの興味深い問題に遭遇することになる。それは「背理法に対応する音楽の形式は何か?」という問題である。

「背理法」は数学などでよく用いられる一つの証明技法である。この背理法以下にその概要を説明するが、読者の中にもすでにご存知の方が多いであろう。この背理法の証明技法である。なるものも一つの証明法であり、多くの数学の証明に用いられる論証の形式である。そうである以上、我々の「論理＝流れ」という方程式に忠実にしたがうならば、これも何らかの流れを孕んでいるはずだ。そして、その流れは音楽にも応用できるはずのものである。しかし、一見してこれに対応するはずの音楽の形式は見当たらない。もしかすると、もうあるのかもしれないし、読者の中にはいくつか候補を挙げられる人もいるかもしれない。もちろん、ある程度はその流れの形式を説明することは可能であるし、似たような流れを持った楽曲もいくつかは存在するようだ。しかし、それでもなお、このような形式が数学で用いられているほどの頻度で、音楽において多用されている形跡は見当たらない。ということは、もしかしたら、背理法は「人間が作った数学」というパラダイムの中で、実は非常に特異な位置を占めているものなのかもしれない。

いずれにしても、この「背理法」という証明技法は、他の証明技法にはない全く特殊な側面を有しているのは間違いないようである。本章では、以下これについて考えていくことになるが、その前に、この背理法という証明法を、特にその〈流れ〉という視点から簡単に説明しようと思う。

「背理法」（「帰謬法」とも言う）とは、簡単に述べると、論証の目標となる「結論」をわざと否定し、そこから本来ならば論証の出発点であった「仮定」に矛盾した内容を推論することで、結果として目標だった「結論」を導くというものである。仮定として認めていたことに真っ向から矛盾することが推論されてしまうということは、そもそも「結論」を否定したことが間違っていたことになる。だから、「結論」の否定の否定、つまり「結論」そのものが正しいということになる。簡単に言えば、これが背理法という証明法の原理である。

図式を用いて説明しよう。今、証明したい命題が、

P⇒Q

であったとする。つまり、Pという仮定から出発して、Qという結論を導きたいとするのである。その際、背理法においては、最初に突然「Qを否定する」という大胆なことを行い、そこから「Pに矛盾する」結論を導くという方法をとる。考えてみれば不思議なのであるが、その心はつまりこういうことだ。ある人、例えばAさんが「Qであること」を主張したいとする（Qには日常生活のいろいろな命題を当てはめて考えるとよい）。それを聞いていた別の人、Bさんが「そ

れはなぜ?」と訊いたとする。そうした場合、例えば電車の中であっても、食事中であっても、以下のような会話になることは少なくないであろう。

A「なぜって、じゃ、Qでないとしてごらんよ」

つまり「Qを否定する」ことから始めて、あくまでもBさんの納得できるような論証を組み立てていく。そうこうしていくうちに、何か仮定P(例えば、常識的に認められる日常生活の命題を当てはめるとよい)と矛盾するような、おかしなことが結論されてしまったとすると、

A「ほら、おかしいじゃないか。だから、Qじゃないと困るんだよ」

ということになる。こうなった場合、そこまでの推論の過程に文句のつけようがないならば、BさんはAさんの論証に納得しなければならない。Pという仮定を認める限り、Qであると結論しなければばならなくなる。つまり、「P⇓Q」でなければならない。こうして、Aさんによる証明が完了するというわけである。

結論の否定から(仮定に)矛盾する内容を導くこと、これが背理法のミソである。つまり、通常の論証の流れが、

仮定 → 推論 → 結論

というものであったのに対して、背理法の流れは、

結論の否定 → 推論 → 仮定の否定

というもの（対偶）になるわけだ。つまり、「否定」という文字が付加されることによって、最初の図式とは前後が入れ替わったものになるのである。言わば、時間を逆転させた流れになるのが、背理法の特徴なのだ。そして、この〈時間が逆転する〉という点が、背理法を音楽化しにくい最大の理由でもある。

背理法による証明の例

背理法による証明として最も典型的なものを、ここに一例として挙げようと思う。それは「素数は無限に多く存在する」という命題の証明として、すでに紀元前三世紀以前のギリシャで本質的に知られていたものである。ここで「素数」とは、

2, 3, 5, 7, 11, 13, 17, 19, 23, 29, 31, ……

のように、その数自身か1より他の（正の）約数を持たない数、つまり約数をちょうど二つしか持たない自然数のことである。例えば10は10＝2×5であるから、その約数は1、2、5、10の四つある。したがって10は素数ではない。しかし、例えば17は1と17の間にあるどの数でも割り切れない。つまり、17は1と17の二つしか約数を持たないわけだ。したがって、17は素数である。

さて、証明したいことは「素数は無限に多く存在する」ということであった。ここでおもむろにその否定を考えてしまう。つまり、

【結論の否定】素数は有限個しかない。

と仮定するわけである。本来証明したいと思っていたことをいきなり否定してしまうわけだから、これは大胆だと思われるかもしれない。しかし、こう仮定してみると、意外なことに、そこからいろいろと推論を拡げていくことができるのである。

【推論】素数が有限個しかないなら、それらを全部かけ算することができる。そうして得られた数をNとしよう。ここで重要なことは、この数Nはいかなる素数でも割り切れるということだ。なにしろ、Nはすべての素数の積なのであるから。しかし、ということは、この数に1をたして、新たに$N+1$という数を考えると、これはどんな素数で割ってみても必ず1だけ余

る。つまり、どの素数でも割り切れないことになってしまう。

さて、ここでそもそもこの証明における「仮定」が何なのかということを問題にしなければならない。その仮定とは「2以上のどんな自然数も、必ず何らかの素数で割り切れる」というものである。これは整数の持つ基本的な性質から導けることであり、今我々が目標としている「素数は無限に多く存在する」という定理を導こうとする前に、あらかじめ準備として証明しておくべきことである。初等整数論の基礎を展開することが、ここでの主眼ではないので、今はこれを仮定とすることを認めて、論証の続きを行おう。

先ほどの「推論」の最後に導かれたことは、まさに、

【仮定の否定】どんな素数でも割り切れない(2以上の)数が存在してしまった。

ということである。実際、N+1がそのような例を与えてしまっているのだ。これは論証の前提としていた「(2以上の)どんな数も、何らかの素数で割れる」という仮定に真っ向から矛盾してしまっている。しかし、先ほどの「推論」を見る限り、この矛盾を導いてしまうまでの途中の過程には、特に問題はなさそうである。途中に問題がないとなれば、問題は出発点であった「素数が有限個しかない」ということにあるはずだ。つまり、こう仮定してしまったことが間違いであったのだから、したがって「素数は無限に多く存在する」ということが証明されたことになる。

以上で証明が終わる。

仮定の〈後出し〉

以上の説明で、筆者は「仮定」とするべき事実、つまり「2以上のどんな自然数も、必ず何らかの素数で割り切れる」という命題を途中まで述べずに、推論の経過を見て、敢えて〈後出し〉した。実はここに「背理法」という証明法が持つ、もう一つの極めて顕著な性質がある。

通常、何らかの主張を「結論」として導きたい場合、普通に議論しようとするならば、

仮定 → 推論 → 結論

という順番で議論しなければならないから、当然ながら出発点となる仮定をしっかり認識していなければならない。これは当然のことで、ある目的地に電車で行きたいという場合、普通は現在の場所を出発点として、どのように電車を乗り継ぐか考える。数学の証明も同様で、〈始まり〉の場所から〈終わり〉の場所まで、うまくフレーズが繋げるか否かが勝負である。

しかし、背理法という、この不思議な証明法においては、欲しい「結論」を得るために、必ずしも最初から「仮定」を認識しておく必要がない。とりあえず、結論を否定してみなさい。そしてそこからいろいろ推論してみなさい。そのうちに何かおかしなことが起こったら、それがおかしいことである根拠を「仮定」としてしまいなさい——こうすれば、立派に証明になってしまう

のである。先に背理法においては、まるで時間が逆転していると述べたが、まさにその通りで、証明を実際に運用する上での心理的な時系列も逆転しているのだ。

言うまでもないことだが、このような証明法は、例えば前述した「素数は無限に多く存在する」などのような、何を出発点として議論すればよいか、すぐにはわからないような場合に非常に便利な方法である。素数が無限にあることを証明せよと言われても、正攻法では何から始めて何をどうすればよいか、全く見当がつかないであろう。しかし、その否定である「素数は有限個しかない」から出発すれば、不思議といろいろな議論が展開できてしまうのである。今の場合は、そこからいろいろと計算できた――例えば、〈すべての素数〉をかけてNを作り、それに1をたすといった算術が展開できた――ということが大きい。「素数は無限に多く存在する」という当初の命題を直接に証明しようとしてもうまくいかないのは、手始めに何をどう計算したらよいかわからないからだ。しかし、その否定から出発すれば、何らかの「計算」のきっかけがすぐに見つかるのである。数学における「流れ」を構成する論理要素には「計算」や「計算手順」が勢い多くなるのは当然であるから、物事をうまく計算ベースの流れに乗せることができれば、数学の論証はより明瞭で効果的なものになるだろう。しかるにこの例は、正攻法ではどうしても「流れ」をうまく生成できなかったところに、背理法に転じたとたん計算ベースの流れが湧き出てくるという意味でも印象的なものである。

いずれにしても、とにかく困ったら否定してみる。もちろん、そうしてもうまくいかないことが多いのであるが、時としてうまくいってしまうと、不思議と議論が進んでしまったりする。そうすることで、当初は思いもよらなかった種類のことと結びついたり、全く新しい議論の形態が生まれたりすることもあるのだ。このようなダイナミックな性格も、背理法という〈流れ〉の非常に重要な特徴である。

虚構の推論

背理法という論証の形式の、もうひとつ見逃せない特徴は、その推論過程の「虚構性」である。本来〈正しい〉と期待される結論を大胆にも否定して、そこから何らかの推論を展開しようというのであるから、その推論や計算の過程は本来ならばあり得ないような、全くの虚構の世界を描き出すことになる。言わば「ウソでウソを塗り固めていく」ような作業になるわけだ。虚構の上に虚構を築き、さらにその上に虚構を建て増しするようなことを何度も繰り返していく。そうこうしているうちに、あるとき突然矛盾が出現し、その虚構の大伽藍は瞬時に音を立てて崩壊する。そんな儚いロマンチシズムが背理法という証明法にはある。

前述の「素数は無限に多く存在する」の証明においても、そのような特徴がはっきりと見てとれる。その推論の過程においては「すべての素数のかけ算を実行する」という、通常だったらあり得ないような計算をやってしまっているのだ。実際の現象としては、素数は無限に多く存在している。したがって、実際にすべての素数のかけ算を計算することは不可能である。なにしろ、素数は無限に多くあるのだ。無限個の数のかけ算など、現実にはできるはずがない。したがって、ここでやっているところの「すべての素数のかけ算」は、全くの架空の世界での話ということになる。

それだけではない。この証明においては、その完全なる虚構の計算によって、何らかの数が得られると述べ、その数に「N」という記号をあてがっている。本来虚構の計算なのであるから、そこから何らかの数が生じるわけがない。しかし、この証明はこの架空の世界に完全にはまり込んでしまっているのであるから、そんな批判とは全く無関係に、どんどん話を先に進めてしまうのである。あれよあれよという間に、存在するはずのない数を考え、それに名前まで付けてしまうのだ。まさに虚構の上に虚構を築くような所業である。そして、その虚構の数「N」に「1をたす」という計算をした、まさにその瞬間突如として矛盾が現出し、それまで築いてきた楼閣は無惨にも崩壊する。

このように、背理法にはその推論過程における「虚構性」という、非常に重要な特色がある。背理法が、本来正しく結論されるはずのことを最初から否定してかかる以上、その中間部における推論や計算が虚構に過ぎないのは全く当然のことだ。逆に言えば、この特徴こそが背理法を最も便利なものとし、最も魅力あるものとしている性質の一つであるとも言える。

間接証明

今まで、背理法のさまざまな特徴を見てきた。もちろん、背理法の特徴はこれらだけにはとどまらない。とはいえ、ここまで説明してきた背理法の特徴だけでも、まとめておく価値は十分にある。今まで見てきた「背理法」の特徴とは、

・時系列が逆転していること
・ノープランで出発できること
・推論過程が完全なる虚構であること
・仮定を後出しできること

であった。これらの特徴は、他の証明方法には全く見られない、完全に背理法という形式に特有のものであり、この証明法の不思議さの源泉なのである。

背理法は論理学的には「間接証明」と呼ばれる証明技法の一つである。直接には証明できないことを〈間接的に〉証明する方法というわけだ。したがって、それが証明する命題の正しさも、直接的なものに比べればそうそう気安いものではない可能性がある。間接証明は紙に書かれる場合でも電車内で対話する場合でも、一定の様式にしたがって意識的に行われなければならなくなる。言わば、背理法とは高度に様式化された議論や対話の一形態なのであり、それが留保する〈正しさ〉もこのような様式に基づいているという意味で、直接的なものとは少々異なった意味合いを持つ。何しろ、それは虚構を介した正しさなのだ。標語的には「様式化された正しさ」と言うこともできるだろう。この意味での数学の〈正しさ〉は、本書でも以下に様々な側面から議論されることになる。

背理法の音楽

以上で背理法の簡単な説明はひとまず終えて、もともとの話題に戻ることにしよう。問題は「背理法という数学の証明法と同等の形式を持った音楽があるか?」であった。背理法は立派な証明技法であり、ことに数学においては非常に頻繁に用いられるものである。数学と音楽がどこまでも似ているということの根拠の一つに、前述のように、論理の流れと音楽の流れの間の深い対応関係があったわけだが、そうである以上「背理法」という論証形式に対応する音楽の形式もあってしかるべきである。しかし、それがちょっと見当たらないのだ。

そもそも、そのような楽曲形式があったとすると、それはどのような流れと構成を持っているのだろうか。前述した数学における背理法の特徴に鑑みれば、そのアウトラインだけでも述べることは可能であろう。それは次のようなものになるはずだ。

まず、曲は大胆にも「結論の否定」から始まる。前述したように、どんな曲でも——たとえそれが強いストーリー性を備えた種類の楽曲ではなかったとしても——それが一つの論理的構成物である以上、何らかの〈結論〉をもたらしているはずだ。そして、それは曲をすべて聴き終わった後に感じられるのが普通だろう。しかし、この〈背理法の音楽〉においては、なんとその結論が先取りされ、しかもそれが否定された形でいきなり提示されるのである。

大胆不敵なのはそれだけではない。なにしろ次の瞬間から、曲は次々と虚構のフレーズを放出し始める。完全なるウソのメロディーを次々に繋げて発展させ、その上の階層にも、またその上の階層にも、完全に虚構のフレージングを繰り広げていく。その大胆さは、本来全く不可能であるはずのことを、いとも簡単にやってのけてしまうようなものであるはずだ。現実の制約には無頓着に、全く天真爛漫に、曲は次々に進行していく。そうしてあれよあれよという間に、巨大な架空の楼閣を築き上げる。

しかし、あるとき突然、何の前触れもなく、曲は矛盾を奏で始める。そうかと思ったまさにその瞬間、突如として架空の殿堂は崩壊し、バサッと幕が下りて一挙に曲は終わってしまうのである。

多少の脚色はあるとはいえ、本来あるべき〈背理法の音楽〉は、だいたいこのような感じのものになるだろうと思われる。これを見れば一目瞭然であるように、このような楽曲は、ちょっと普通にはありそうにない。もしあったとしても、それは非常に特殊な曲であることは間違いないだろう。読者はどのような意見をお持ちになるだろうか。

多少の無理は承知で、ある程度このような流れを持っている曲を一つ挙げるとするならば、例えばベートーベン第五交響曲『運命』の第一楽章が挙げられるかもしれない。曲はいきなり「結論の否定」をも思わせるような出だしで始まる。出だしの異常性を受け継ぎ、さらに発展させるその旋律は、虚構の世界の音楽と呼ぶに相応しい。そして、その終わり方も突然だ。次第に垣間見えてくる〈矛盾〉の出現によって旋律は軋み始める。そして、まさにその瞬間、遂にすべてが音を立てて崩れ去る。『運命』第一楽章の最後は、そういう形の終わり方である。

人間と数学

先にも述べたように、音楽においては大胆な跳躍やギャップ、予想もできなかった飛躍といったダイナミックな変化などがあり、それが音楽の醍醐味の一つになっている。その反面、数学はそのようなダイナミズムからは一見無縁に見える。確かに定理の証明などにおける論理の鎖に「大胆なギャップ」は禁物だ。しかし、それでもなお、数学という学問全体を通時的・共時的に見た場合、そこにはダイナミックな流れは存在している。実際、背理法の流れにはノープラン出発による発見的・冒険的ダイナミズムもあった。数学にも必ず何らかのストーリー性があり、ときに「序破急」的であったり「起承転結」的であったりすることもあるのだ。「数学をカチコチの論理という臆見から解放する」こと。一般の人々が数学に対して抱いているような「頭の硬い人々が理屈をこね回してでっちあげる机上の空論」という印象をぬぐい去ること。これらもまた、この本の基層に流れる主要テーマの一つである。

以上のことからも推察されるように、「論理＝流れ」という等式は思いのほか深い内容を孕んでいる。そして、その意味では数学と音楽はどこまでも似ているのだ。それほどまでに、数学という学問は人間的な魅力と柔軟性に満ちあふれている。それは音楽のみならず、地域的・歴史的文脈の中で、時代の文化や宗教からも少なからず影響を受ける。それら人間の行いの総体とは無縁ではいられない人間的営為の一つとして、「数学」という学問があるのだ。

そして、さらに重要なことだが、数学は単なる記号のゲームでもなければ論理のおもちゃでもない。確かに、数や図形が織りなす深い性質の中には、記号や概念の玩具としても十分興味深いものが数多くあり、それらをいじくり回すことは数学という学問に親しむ上で効果的な方法だ。しかし、それだけでは数学という〈学問〉の根幹に近付いたことには決してならない。すなわち「人間と数学」という、より根本的なテーマにアプローチすることはできないのだ。

数学と人間、数学と文明、数学と宗教といった関係性には、歴史や文明・文化史、考古学など幅広いエリアの話題から入って行くことが可能であるし、むしろそのように数学を外から概観する視点が必要となる。筆者の実力では、これらすべてをカバーすることはもとより不可能であるが、以下の各章ではこのような議論のいくつかを通じて、「人間と数学」についてさらに認識を深めていきたいと思う。

その際の最も重要なキーワードとして、本書では数学における〈正しさ〉というものを主軸に据えて考察していきたい。数学は厳密な学問であると言われる。そして、その厳密さの根拠にはその厳格な論理性がある、とよく言われる。その意味では、数学における〈正しさ〉の根拠は明白であり、そこには何の疑念を挟み込む余地もないものと思われているであろう。しかし、それと同時に数学は長い歴史を持つ成熟した学問であり、それだけに人間的で柔軟性に富んだ学問でもある。厳格でもあり柔軟でもある。この一見して二律背反的な諸側面の狭間に、数学における〈正しさ〉は漂っているわけだ。その意味で、数学における〈正しさ〉は決して自明のものではなく、極めて深遠な諸相を帯びたものである。

「数学が正しい根拠は何か?」という問いは、「数学は何の役に立つのか?」という、よく耳にする質問よりもはるかに深く、はるかに鋭い。そこでは「人間と数学」というテーゼとも深く関わる、数学営為全般のあり方の根本が問われているからである。

第2章
見よ！

ソクラテスと僕童

プラトンの対話篇『メノン』に、次のような有名なくだりがある。メノンとソクラテスは「徳とは何か」「徳は教えることができるか」といった問いについて議論していた。そして、その背後に〈知を求める〉とは何か、〈学習する〉とは何かといった根本的アポリアを確認する。ここでソクラテスが提示するのが「（先験的）知の想起説」である。

〔自然の〕本質はすべて同種であり、魂はそのすべてを学び尽くしているから、ただ一つを想起するならば――実にこのことを人々は学習と呼んでいるのだが――、他のすべてを発見することに何の妨げもないわけだ、もしも人が勇敢であって、ひるまず探求さえすれば。なぜなら、つまり、探求することや学習することは、全体として想起に他ならないからだ。

すなわち、ソクラテスによれば、学習するべき事柄はすべて人の魂に生まれつき内在されているものばかりであるという。したがって「学習する」とは、これら魂の中にすでにあるものを改めて「想起する」ことに他ならないというのだ。しかもその際、探求心さえ十分にあれば、一つの事柄を想起する（学習する）ことがきっかけとなって、関連する他の事柄を自分の力で次々に想起する（発見する）ことができるという。

（『メノン』三二五頁）

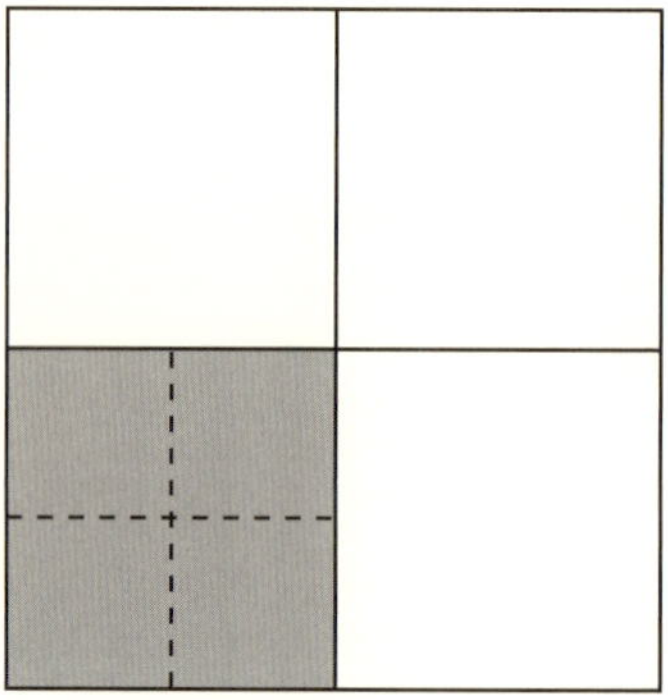

図1　正方形の倍積

これを立証するために、ソクラテスはメノン宅の従者の一人である僕童を呼び出して、彼に自分自身の力で初等幾何のある事実を発見させようと試みる。この僕童はギリシャ語を話すことはできるが、過去に初等的な幾何学を一切学んだことがない。その僕童に向かって、ソクラテスは以下のような初等幾何の議論を始める。

まず、一辺が2プースである正方形（図1左下の陰影付きの正方形）は、1プース四方の小正方形四つからなり、その面積は4平方プースであることを僕童に確認させる。そして彼に、この2倍の面積を持つ正方形の一辺はどうなっているかと問いかける。

僕童の最初の答えは、各辺の長さも2倍であるというものだった。ここでソクラテスは、一辺の長さを単に2倍してしまうと、面積は4倍になってしまうこと、つまり16平方プースになってしまって、望みの8平方プースにはならないことを僕童自身に発見させる。実際、図1の正方形全体は最初の（左下の）正方形より一辺の長さが2倍であり、その面積は4倍になっている。

ソクラテス　したがって、8〔平方〕プースの面の一辺は、まずこの2プースよりは大きくあり、次に4プースよりは小さくなければならぬ。

僕童　そうなければなりません。

ソクラテス　さあ、それが何プースだとお前は主張するのか、それを言ってごらん。

（『メノン』三三一頁）

僕童の答えは「3プース」であった。しかし、これでは面積は9平方プースになってしまい、依然として目的の8平方プースの正方形は得られない。僕童はここで行き詰まる。他方のソクラテスは、行き詰まることで僕童は探求の勇気を獲得し、それだけ一段階上の〈想起〉状態にあると表明する。そして最後に、最初の正方形の対角線を一辺とする正方形を作図し、それがまさに最初の正方形の2倍の面積を持つものになっていることへと僕童を導く。

ソクラテスが作図したのは図2のような、全体の正方形の中に見える〈ダイヤ型〉の正方形であった。これは最初の正方形（図1左下の陰影部）の対角線を一辺としている。さらに、図2からわかるように、その正方形は左下、左上、右上、右下の正方形（面積は4平方プース）をそれぞれ半分に切り取っているので、その面積は全体の正方形の面積の半分、つまり8平方プースということになる。これは、新しく作図された「対角線を一辺とする正方形」の面積が、最初の正方形の面積のちょうど2倍であることを意味しており、よってソクラテスの問いに対する答えとなっているわけである。

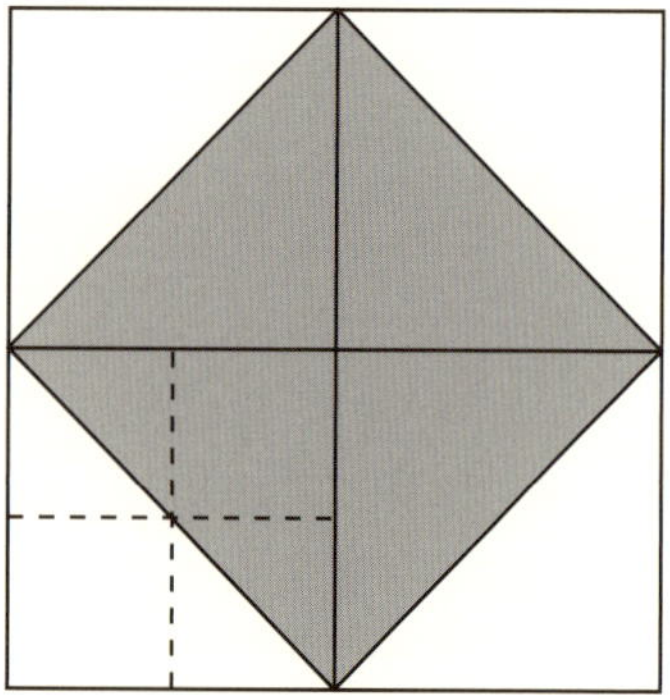

図2　正方形の倍積

ソクラテス　……お前の言うところでは、対角線から2倍の〔面積の〕面ができるということになるのだろう？

僕童　全くそうです、ソクラテス。

（『メノン』三三七頁）

この一連の問答の後でメノンとソクラテスは、ここで僕童が〈答えた〉内容は、ことごとく教え込まれたものではなく、僕童自身のものであったことを確認する。

ソクラテス　ところが誰も教えないで、ただ、尋ねただけであるのに、この子は自分で自分のうちから知識を取り出して知識するのじゃないのかね。

メノン　ええ。

ソクラテス　で、この子のうちにある知識を自分で取り出すことは想起することじゃないのかね。

メノン　全くそうです。

（『メノン』三三八頁）

無邪気な信念

ソクラテスと僕童による以上のようなやりとりの中で強調されているのは、正方形の一辺を2倍すると面積は2倍ではなく4倍になること、対角線を一辺とする正方形を作図すれば、それがもとの正方形の2倍の面積を持つことなどといった初等的な幾何学の知識を、人は誰かから教えられるのではなく、自分自身で見出しているということだ。これをしてソクラテスは、人の魂はこれらの知識を自分自身のうちにもともと内在させており、これらを学習するとは、実は自分の内なる知識を思い出すことに他ならないのだと主張する。これがプラトンの「イデア論」における「想起」（アナムネーシス）の考え方の表明であることは論を俟たない。

もちろん、この対話の中でこれらの幾何学の知識が僕童自身によって見出されたとは言っても、ソクラテスはかなり強引な誘導をしているように思われるのも事実であり、実際にはこれらはソクラテスによって教え込まれたのだと率直に感じられなくもないのも事実である。その意味では人間の魂なるものが、あらかじめ幾何学を知っており、これを人は想起するのだという説をそのまま易々と信じてしまうことはできそうにない。

しかし、そうは信じられないにしても、ここで繰り広げられた対話は、ことに幾何学・数学的な知識に関して非常に興味深い内容を示唆している。それはここに登場した僕童のように、それまで全く初等的な幾何学を学んだ経験がない人であっても、筋道立てて最初からゆっくり丹念に説明していけば、図形に関する抽象的な事実を、最終的には〈我が物のように〉理解することができる、と率直に信じられているということだ。それがソクラテスの言うように理解する本人だけの力による〈発見〉なのか、それとも他の人から教え込まれることで初めて身に付いた知識なのかは、この際問題ではない。理解に到る道程はどうあれ、ソクラテスと僕童が論じたような幾何学の普遍的な命題も丹念に順序よく理解していけば、必ず確固とした〈自分の理解〉になるとされている点が興味深いのである。

実際、ソクラテスと僕童の会話という形でここに紹介されたようなことは、現実にも本当に起こりそうである。ソクラテスの立場にせよ、僕童の方にせよ、実際に似たようなことを経験した人も少なくないだろう。「正方形を倍積するなら対角線を一辺とすればよい」という事実が、あらかじめ精神に内在していたにせよ他人から教え込まれたにせよ、最初から順を追っていけば誰でも必ず理解することができる。そして、たとえ直観的には一見間違えそうな難しそうに見える事実であっても、一度理解してしまえばその瞬間にそれは自分自身の知識となる。このような無邪気な信念を『メノン』におけるソクラテスと僕童の対話は表明している。

確かにその通りだ、と思う人は多いかもしれない。数や図形に関する初等的な事実は、それが一見どれだけ難しく見えようとも、究極的には当たり前の事実の積み重ねに過ぎない。したがって、その理屈さえ筋道立てて落ち着いて追っていけば、いつかは必ず理解できるはずである。理解に到るために要する時間はどれだけかかるかわからないが、しかし、いつかきっとわかるはずだ。そして一旦わかってしまえば、それは教えられたものであることを超えて、自分自身の理解となる。

理屈の上では確かにそうかもしれない。しかし、これはちょっと無邪気すぎるという意見もあるだろう。初等幾何の簡単な事実ならともかくとしても、現代数学のような高度に抽象的な概念をあつかう数学の場合でも、これと同じことが言えるだろうか。問題はそう単純ではないかもしれない。

「見る」ということ

この無邪気な信念の是非についてはひとまず後回しにして、ここではとりあえず、僕童が〈我が物のように〉理解したという、その認識に到るプロセスを、もう少し掘り下げてみたいと思う。多くの人が考えるように、ソクラテスと僕童の対話における僕童の理解には、多分に直観的なものが背景にありそうである。当初は間違った答えをしているから、最初それらは僕童の知識のうちには入っていなかった。そうであったところが、ソクラテスとの対話を通して、最終的には正しい答えにたどり着く。そして一度正しい答えにたどり着くと、その〈正しさ〉は教え込まれたものではなく、瞬時に僕童本人の理解となる。ソクラテスと僕童の対話はこのような内容を示しており、それを根拠として「知の想起説」が説かれるという構造になっている。数学的な〈正しさ〉について考察を進めようとする我々にとって、ここで興味あることは「知の想起説」そのものではない。むしろ、僕童自身の精神が、何によって〈正しさ〉を認識するに到ったのか、その根拠とでも言うべきものだ。

その根底には視覚的直観、つまり「見る」ということが最も重要な位置を占めていると思われる。ソクラテスと僕童は（多分図1や図2のような）図を描きながら対話した。そして、その図には正解が目にも鮮やかに描かれていたのである。そして、その図を「見る」ことによって、初等幾何学の学識のない僕童にも（理屈はどうあれ）一瞬でその正しさが直観された。つまり、この場合の〈正しさ〉の認識の最終的な決済は、とにもかくにも「見る」ことであったのではないかと考えられるのだ。

ここで強調しておかなければならないのは、僕童が〈我が物のように〉理解したのは、ソクラテスが描画した現実の（物質的）図形そのものの性質ではなく、およそ正方形一般に対して成り立つ普遍的な性質だということである。具体的な正方形は一つ一つ大きさが異なる。また、実際に紙や地面に描画された図形は、決して正確な正方形ではない。したがって、この場合の「見る」という行為は、単に現前した具体的事物を見るだけではない、さらに高度で深い精神的プロセスを孕んでいるはずである。一つとして同じものはない、しかも決して正確ではないただ一つの画から、概念としての正方形一般に関する普遍的知識を得る。これが僕童のなし得たことなのであった。「概念としての正方形」あるいは「正方形そのもの」とでも言うべきものは、プラトンにとっては「正方形のイデア」と呼ぶべきものであった。そうであればこそ、このソクラテスと僕童の対話物語の結論が、プラトンの「イデア論」の中心信条を表明したものなのだということになるわけである。

普遍的〈正しさ〉と証明

このような「見る」という認識の形態は、何も図形についてのものばかりではない。例えば、算術の世界にもそのような例は見出せる。二つの数aとbをかけ算して$a \times b$という計算をするとき、かけ算する数の順番を気にする必要はない。つまり、aにbをかけるという計算をしても、逆にbにaをかけるという計算をしても、結果は同じである。このことを数式で表すと、

$$a \times b = b \times a$$

ということになる。この等式の正しさを、我々はどのようにして認識するのだろうか。

例えば、aやbとして具体的な数を想定してみるという理解の仕方もあるだろう。2×3も3×2も、どちらも答えは6である。だから確かに等しい。2と3のような小さい数ではなくても、もっと大きく複雑な数でも、一つ一つ確かめれば、それが正しいことがわかる。日常生活の中で、このような「かけ算の順序を入れ換える」ということが、どのくらい意識的に行われているのかわからないが、いずれにしても、いつでもそれは正しかったはずだ。計算の順序を換えて

もすべてつじつまが合っていたはずだし、だからこそ、この等式は正しいのだ。このような理解もあり得るだろう。つまり、右の等式の〈正しさ〉は、結局のところ経験則なのだという見方である。

しかし、このような理解の仕方は、明らかにソクラテスの誘導のもとに得られた僕童の理解とは違う。可能な限り、時間が許す限り、いろいろな大きさの正方形を地面に描いてその経験を蓄積することで、その正しさを僕童が確信したわけでは決してない。先にも述べたように、問題はこれらの〈正しさ〉の一般性・普遍性にある。正方形の大きさには無限に多くの可能性があるし、数aやbの可能性も無限に多くある。それら全部について一つ一つ確認することは不可能だ。それでもなお、その無限に多くの可能性において、人はその正しさを瞬時に「確信する」ことができる。知の想起説が、ことに「先験的な」知に対して述べられているのも、ここに由来している。

正しさを確信する方法としてソクラテスが用いたのは〈対話による証明〉という方法だった。「証明」は現在においても、数学における正しさの確認法として用いられている。先の公式「$a \times b = b \times a$」も、いろいろな意味においてその「証明」を考えることができるだろう。例えば、次のような方法がある。

【証明】 a個のものを横一列に並べ、その上に同じ列をもう一列、もう一列と、全部でb列作る。並べられたものの個数は全部で$a \times b$個である。次にこれを90度回転させて、横と縦を入れ換える。そうしても、ものの個数自体には変化がない。しかし、それはb個のものを横一列に並べたものがa列できているという状態であるから、その総数は$b \times a$だ。ということはこれら二つの計算$a \times b$と$b \times a$は等しくあらねばならない。【証明終】

ここで、この証明の最後の決済は、やはり「見る」ことであることに注意してほしい。そして、その「見る」は単に現実の事物を見るだけではなく、高度な抽象世界での行いである。「a個」とか「b列」とかは、aやbが具体的な数ではない以上、それは現実の事物ではあり得ない。しかし、それでもなお、我々は右の証明を読んでいるとき、頭の中でa個のものが横一列に並べられた状態や、それがb列重なっている様を思い描いている。そして、こうして頭の中に描かれた〈図形〉を、やはり頭の中で回転させているのである。相手にしているものは頭の中に思い描いただけの架空の事物であるとはいえ、そこで右の証明が我々に最終的に行わせているのは「見る」ことに他ならない。「見よ！」というのが、この証明の一番重要な場面であり、「見る」ことこそが証明の最終的な決済になっている。

このような認識の構造、つまり「見る」ということが認識の最終的な決済になっているというあり方は、まさにソクラテスと僕童の対話の中に見られるものと共通している。僕童が正方形の倍積の方法を理解し、それを自分のものとしたのも、その対話の結果として僕童が「見る」ことによる直観的理解を経験できたからに他ならない。

証明の決済としての「見る」

このように、数学における〈正しさ〉の理解の根底には、心・精神の目で普遍的なものを「見る」という行為がある。これには賛否両論あるかもしれない。少なくとも「見る」ことだけが重要だ、というのは言い過ぎである。正しさを確信させるために「証明」をするのであれば、そこには必ず「論理＝流れ」もなければならない。しかし、（現実であれ心の中であれ）「見る」ことから得られる視覚的直観が、数学における〈正しさ〉を根底から支える一つの重要な要素となっていること自体は疑いようのないことに思われる。「定理」の語源となったギリシャ語「テオーレオー θεωρέω」の意味は、まさに「よく見る」ということであるし、また「証明」の語源となった「デイクヌーミ δείκνυμι」は、古くは「具象化」とか「可視化」を意味した。証明による演繹的数学を発明したとされるギリシャ人にとっても、そもそもは証明することの根本に「見る」ことがあったのは疑い得ないのである。

ところで、心の中に直観される〈普遍的事物〉は「イデア」としてイデア界に実在している、というのがイデア論の中心信条《セントラルドグマ》であった。実在か非実在かについての哲学的議論はともかくとしても、実際にこのようなイデア的実在を素直に信じる数学者は多い。もちろん、人によってその信じ方や考え方には違いがあり、各人各様に数学的対象の捉え方があるのも事実である。しかし、そうではあっても、数学記号の深奥に、それが示す数学的対象を（何らかの）実在感を持って捉えていることは間違いないと思われる。それは、彼らがそれらの対象を「見る」という経験を数多くしてきたからである。「見る」ことによって得られる認識は、普遍的な〈正しさ〉についての揺るぎない直観だけではない。それは往々にして、見られた普遍的対象についての強い実在感をも伴うものである。

実際、「見る」ことによる普遍的理解は、今まで述べてきたようなものよりも、もっと複雑な証明においても重要な役割を担っている。例えば、第4章で後述するユークリッド幾何学における証明は、多くの場合、高度に形式化された一連の論理の組み合わせによって与えられる。その意味では、それを支えているのは「論理＝流れ」なのであり、直観的な要素が占めるウエイトは僅少である。しかし、それでもなお、数学の証明というストーリーの落としどころ、つまりは論証の最終的な決済の手段は、やはり人間の直観なのだとしか言いようがないのである。そして、その直観の中でも、とりわけ（視覚的認識としての）「見る」ことが大きなウエイトを占めている。

例えば「三角形の内角の和は常に一八〇度に等しい」という、おなじみの命題をとりあげてみよう。ここで「常に」というのは、考えている三角形がどのようなものであってもよいということであることに注意してほしい。その形や大小にかかわらず、その内角の和は必ず一八〇度になるというわけだ。その意味では、ソクラテスと僕童の対話において考察されたものと同じように、この命題も普遍的なものであり、その学習・理解のメカニズムには多くの共通点が見出せるはずである。

その証明をここで検討してみよう。

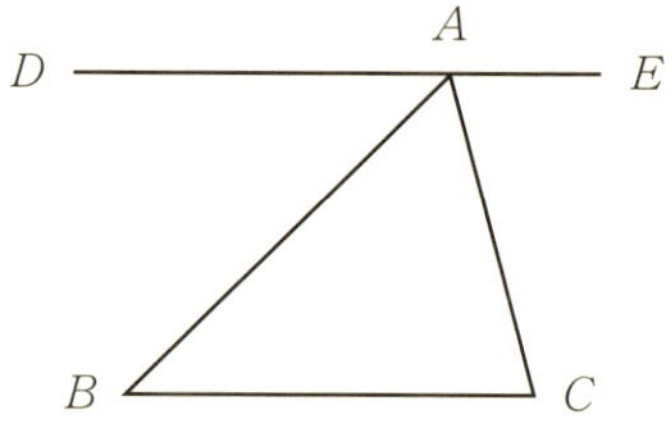

図3　三角形の内角の和

【証明】三角形ABCを任意に考え、図3のように辺BCに平行な直線DEを、Aを通るようにひく。このとき角ABCは角DABに等しく、角ACBは角EACに等しい。よって、三角形ABCの内角の和は角DAB、角BAC、および角EACの総和に等しい。ところが、DEは直線であったから、この総和は一八〇度に等しい。【証明終】

この証明の鮮やかなところは、辺BCに平行な直線、いわゆる補助線をひくことで、内角の和が一八〇度になるという事実を明確に〈見せている〉点にある。補助線をひくこと、角ABCは角DABに等しいこと（いわゆる平行錯角の原理）、および角ACBは角EACに等しいことを述べるのは、最後に「見よ！」と言うために必要なプロセスであり、一つ一つの論理を精緻に積み上げる過程である。それら一つ一つの手続きは、「論理＝流れ」という鎖で結ばれており、その叙述は形式化された言語で書かれている。だからこそ、それは数学の証明としての風格を備えたものとなっているとも言えるだろう。

しかし、証明の最後はどうなっているか。角DAB、角BAC、および角EACの総和は、まさに点Aを通る補助線DEの下側になっている。そこで証明は「見よ！」と訴えるのである。「見る」ことによって命題の正しさが確認され、証明の決済が下される。その決済の状況は、そこまでの段取りといいタイミングといい、前述したソクラテスと僕童の対話や二つの数のかけ算の話のときと全くそっくりである。

さらに言えば、証明の途中で使われた平行錯角についての事実、例えば「角ABCは角DABに等しい」も、それそのものを証明しようとするなら、やはりその〈正しさ〉の決済は「見る」ことに帰着させざるを得ない。ここではその証明を書かなかったが、これら一つ一つの小さな数学的事実の学修・理解の基層にも、やはり「見る」ことがあるのである。補助線をひくという幾何学的操作と、「見る」ことを出自とした数々の数学的事実、これらの材料を論理という「流れ」で結ぶことで一つのストーリーを組み立てる。そしてその結末には、やはり「見よ！」がある。

この短い証明は、このような構造と背景を持って我々に命題の正しさを確信させているのである。このような構造を持つことは、数学における「証明」の多くに共通した性質である。今まで述べてきたことを簡単にまとめてみると、つまり証明とは「直観＝見る」と「論理＝流れ」を階層的に組み合わせてまとめあげられた一つの物語なのであり、音楽なのである、と言えそうだ。そして、その行き着く結末には、議論の最終的な決済としての「見る」がある。

このように、証明が命題の正しさを現前させる上で「見る」ことは決定的な役割を果たす。もちろん、見るだけでは証明にならないことも多い。〈正しさ〉を目にも鮮やかに現出させるためには、論理によって自然な流れを作り出さなければならない。ソクラテスと僕童の物語において、その流れは対話を通して奏でられた。自然な流れ（あるいは、さりげない誘導）が小さな「見よ！」を積み重ね、結論である最後の「見よ！」に向かって人々を導く。その手法には様々あるであろうし、証明を奏でる演奏家の技量によっても、その体裁は大きく異なるかもしれない。しかし、数学における証明が有する基本的な構造は、結局このようなものであると言えそうである。

「無邪気な信念」の是非

このように、「正しさを確信させる方法」としての〈証明〉という物語は、「直観＝見る」と「論理＝流れ」という二つの要素が階層的に積み重なってできている。この結論を踏まえて、次に以前保留しておいた「無邪気な信念」の是非について少し踏み込んで考えてみよう。

ここで「無邪気な信念」とは何であったか思い出しておこう。それは、

数学や幾何学におけるどのような命題も、いかにそれが高度に抽象的で難しいものであっても、結局は単純明快な事実の積み重ねでしかなく、順を追って落ち着いて丹念に考えていけば、誰でも必ず理解できる。そして一度理解してしまえば、それはもはや教えられた天下り的なものではなく、自分自身の理解となる。

というものであった。

ソクラテスと僕童の対話で見られたように、正しい幾何学的事実を「我が物とする」ことができた背景には、その最終的な決済としての「直観＝見る」と、そこに到るための〈辛抱強い〉対話という「論理＝流れ」が必要であった。対話が成功し、僕童が本当に正方形の倍積問題の答え

を見出すことができたのは、二人の対話が「直観」と「論理」という二つの要素を上手にタイミングよく織り込むことができたからである。

しかし、重要な背景はおそらくそれだけではない。ソクラテスと僕童の間に、これら二つの要素が成立するための〈共通の基盤〉があったこと、つまり対話を成立させるための精神的基盤を共有していたことを見逃してはならない。ソクラテスにとっての「直観」や「論理」のあり方が、僕童にとっても「見る」ことであり「流れ」を認識することであったのであり、そうでなければ対話は成立しなかったはずだ。

この共通の基盤は、もちろん、初等幾何学の基礎的知識ではなかった。対話の最初にこの僕童は「過去に初等幾何学を一切学んだことがない」と確認されていることからも、それがわかる。対話の本文が示唆する〈共通の基盤〉としては、単に「二人ともギリシャ語を話す」ということしかない。ということは、逆に言えば、同じ言語を話すくらいの共通の基盤があるなら、初等幾何学の命題の正しさを共に認識できるくらいの「直観」と「論理」のあり方を共有することができるはずだということを、この対話篇は主張しているように見える。イデア論の中心信条にしたがって言い換えれば、初等幾何学レベルの直観力と論理性は、ギリシャ人の魂にはすでに内在しているはずだということにもなるだろう。そしてこれこそが、今我々が問題にしている「無邪気な信念」を端的に述べたものに他ならないのである。ここまで問題を整理してしまうと、手放しでは信じられないと考え始める人も多いのではないだろうか。

それはともあれ、ここで「ギリシャ語を話す」という条件が付けられているのは、少なからず示唆的である。なにしろ、言語によるコミュニケーションができなければ対話にならないし、対話にならなければ直観も論理も共有できない。この前提は、いささか曖昧な言い方をすれば「共通の世界に属する」とも言い得るだろう。対話が成立し、証明や〈正しさ〉が伝えられるためには、それなりの「世界」を共有していなければならない。正方形の倍積問題くらいの初等的な問題については、その世界は「ギリシャ語世界」という広いくくりでよい、というのがソクラテスの主張であった。彼の主張はさらに進んで、初等的な問題に限らないどんなに難しい問題に対しても、この程度の緩いくくりで必ずや共通認識が得られるはずだと主張している点で、いささか無邪気過ぎると思われるわけである。

「代数語を話す」という前提

どのような難しい問題でもよいというなら、現代的な代数学における極めて抽象的な命題・定理の類いはどうであろうか。言葉さえ通じれば、現代の代数学者が全くの素人に対しても、丹念に時間をかけて理詰めで説明すれば、「我が物のように」これらの定理を理解させることが常に可能だと言えるだろうか。

「代数学」という数学の分野には、ことに抽象的な物事を好む傾向がある。例えば、代数学は具体的な数や図形をあつかう代わりに、文字や記号をあつかう。そして、それらの文字や記号が指し示すものは、もはや具体的な数などではなく、例えば集合論の言語を用いて表現された抽象的概念であることが多い。現代代数学はこのような抽象的な概念をあつかい、これらを計算ベースで運用することによって、より深い数学的構造を発見し、新しい数学的地平を開拓する潜在能力を獲得することができた。その意味で、「抽象性」は代数学という学問の極めて重要な側面である。

現代的な代数学を初めて学ぶためには、最初にこれらの抽象概念に慣れなければならない。つまり、抽象概念の世界に住むことができるようにならなければならないのである。代数学があつかう事物が高度に抽象化された概念である以上、それらが存在している世界の住人になれなければ、そこで学んだり仕事したりすること、つまり〈対話する〉ことはできない。その意味で、代数学が前提とする抽象世界は、ソクラテスの対話が前提としていた「ギリシャ語世界」と同様に、対話・証明が成立するための前提とされるべき基盤世界を構成している。

問題は、この「抽象世界に住む」ための方法が、果たして「教えることができる」ものであるかどうかである。ソクラテスの対話が、最初に「徳は教えることができるか」といった問いから出発していたことを思い出してほしい。この基本アポリアに対する答えは、ソクラテスが考えているほど楽観的なものではないかもしれない。知とはすべての人々の魂に内在しているはずだとするイデア論の信念とは、多少なりとも異なってくると思われるからである。

実際、代数学の抽象性は初学者にとって最初の、そして最大の難所になっている。代数学があつかう文字や記号が具体的な数を表しているという確信が持てるうちは、多くの初学者も安心して代数の計算を行うことができる。高校で「ベクトル」を習うようになると、多くの人々が怖じ気づくのであるが、それでもベクトルを日々あつかううちにだんだん慣れていくようだ。しかし、例えば「ベクトル空間」のように、個々のベクトルが問題なのではなく、その全体のなすシステムが概念として記号化されるようになると、もはやそれが一体何なのかわからなくなってくる。それは、それらの抽象物が住んでいる世界に、なかなか安心して住めるようになれないからである。そして、この抽象物の世界に住めるようになるまでのプロセスには、対話や証明といった理詰めのアプローチだけでは克服することのできない、理屈を超えた側面が多い。

これを説明するために、もう少し卑近な例を挙げてみよう。我々は普段「(具体的な)数の世界」に安心して住んでおり、お金の計算なども当たり前のように行っている。しかし、そもそも〈数〉というものも本来は非常に抽象的なものであるはずだ。実際、数とはそれだけで一つの抽象概念であり、具体的に目に見えて存在するような事物ではない。「2匹のアリ」も「2年間」も「2倍の重さ」も、すべて「2」という概念に抽象されるというわけであるから、その抽象度は極めて高い。それでもなお、日常生活において買い物などするとき、我々は全く安心して数をあつかっている。実際に買ったものが何かということとは関係なく、単なる「数」の合計として料金を計算し、「数」が示す金額を代金として支払っているのである。つまり、料金を計算するときは、実際の品物が何であるかとは全く無関係に抽象的な数だけが問題とされ、抽象的な数の演算規則にしたがって計算されているのだ。その意味では、我々は日常生活の中で、すでに無意識に〈数〉という極めて抽象的な概念が縦横無尽に活躍する抽象的世界に住んでいるのである。このような、高度に抽象的な世界に、我々はいかにして安心して住めるに到ったのであろうか。

子供たちがいかにして数の概念を獲得するか、という問題は極めて興味深い問題である。それは、子供がいかにして言語を修得するかという問題ともよく似ている。言語獲得のプロセスには、当然ながら、各人に共通した普遍的な側面も多いと思われるが、その一方で、そのプロセスを遂行するのは一人一人の人間（の脳）なのであり、人それぞれ固有の環境の中で、それぞれ固有の過程を経て言語は獲得される。「数の世界」の住人になるためのプロセスも同様で、そこにはなかなか理屈では説明することのできない、普遍的でありながら各人各様固有の努力の過程があったはずである。そして、一度その過程を通して世界の住人になってしまうと、もはやその過程がどのようであったかを客観的に回想し、理詰めで説明することは難しい。自分がどのようにして母国語を修得したのかを、筋道立てて説明できる人はいないであろう。

代数学や、さらに広く現代数学における「抽象物」の世界に慣れ、それらの記号化された概念によって計算し、その世界で安心して住めるようになるためのプロセスにも、これと似た側面があるように思われる。その意味では、その過程も、言語修得や数概念の獲得と同様に、完全に理屈を超えたものであるわけだ。そうである以上、そのプロセスまで含めた抽象代数学の知識が、ソクラテスの対話篇のような形で「我が物にできる」まで、順序よく論理的に教えられるとはちょっと信じられない。もちろん、代数学が前提とする抽象概念の世界に住むことは、それこそ誰にでも可能なことではある。それは、誰でも母国語の修得が可能であったのと同様だ。しかし、そのために必要な努力やプロセスには、ある程度までは指導者の力量によって後押しできる部分があるにせよ、結局は各人の（あまり理詰めでは説明できない）個人的な経験の積み重ねが必要である。「無邪気な信念」が謳うような「単純明快な事実の積み重ね」くらいでどうにか説明できる問題とは、全く性質の異なる話だろう。

ソクラテスも対話における共通の基盤として「ギリシャ語を話す」ことを前提としていた。それと同様に、現代の代数学における様々な定理や命題、そしてそれらの証明を理解するためには〈代数語〉を話す、つまり、代数学の抽象世界の住人であることが前提とされなければならない。そして、その前提を満たすためのプロセスには、対話や証明といった論理的手続きだけではカバーできない部分が必ずあるのである。

以上のようなわけであるから、対話篇『メノン』の「無邪気な信念」の是非については、共通の「基盤」の有無、つまり共通の世界の住人として共通の言語を話すことができるか否かが重要なポイントとなる。どのような種類・範囲の基盤が前提とされるべきかは、考えている問題の種類によるだろう。正方形の面積を2倍するという問題の場合は、確かに共通の自然言語を話すらいで対話は成立し、論理の流れに共鳴し、共通の〈正しさ〉を「見る・見せる」ことができた。しかし、現代の代数学における定理の場合は、自然言語だけでは明らかに不十分だ。代数学があつかう抽象概念の言葉を話し、抽象的な記号計算が縦横無尽に行われる世界に安心して住んでいる住人であることが前提されなければならないからである。

逆に言えば、一度共通の世界基盤が前提とされれば、その世界の中で論理（＝流れ）と直観を紡ぎだし、まるで最初から魂の中に内在していたものを想起するかのような、確固たる実在感を持って問題を議論できるようになるということだ。前述したように、数学者の多くは自分のあつかっている抽象概念が〈実在している〉と全く素直に感じている。それは多くの人々にとって具体的な数がそれなりの実在感を持って、あるいは極めて日常的な感覚を伴って感じられるのと同様である。

正しさの認識における三要素

以上で〈正しさ〉を確信させるための基本的要素として、次の三つの要素が論じられたことになる。

・「基盤」——共通の世界に住み、共通の言語を話すという前提
・「流れ」——修辞的論証・対話や、計算・計算手順などの論理過程
・「決済」——議論の落としどころ、往々にして直観的

ここで「基盤」とは対話や計算が成立するための共通世界であり、優れて言語的なものである。また、後々明らかになってくるように、ここには時として信仰的な要素、すなわち〈信じる〉といった類いの精神活動が入ってくることもある。そして、この言語的（あるいは信仰的）共通基盤の上に対話や計算によって「流れ」が奏でられ、往々にして直観的な「決済」という落としどころによって〈正しさ〉の認識が成立するというわけだ。

もちろん、この認識段階にも「流れ」のときと同様な大小様々の入れ子構造がある。小さな決済が次の段階の基盤を整え、流れを生成し、また新たな決済をもたらす。そして、これら小さな

三要素の生成過程が、高次の基盤世界と流れを構築し、さらに高いレベルの〈正しさ〉を決済する。メノンとソクラテスが議論していた〈知を求める〉とか〈学習する〉といった精神活動の背後にも、このような三要素「基盤・流れ・決済」の不断の連続的な繰り返しと、それらの重層的な重なり合いがありそうだ。

数学に関して言うならば、これらは「証明」という行為における三要素として理解することもできる。しかし、ここで我々が思い描いている「正しさを確信させるための方法」は証明に限らない、さらに広い意味での議論のスタイルを含んでいる。実際、本書でも後々明らかにしていくように、数学を歴史的・地域的視点から通観したとき、演繹的で論証的な証明ばかりが数学における「正しさを確信させるための方法」なのではない。そこには極めて多種多様なやり方が存在している。そして、そのいずれにも、正しさの認識のための三要素「基盤・流れ・決済」が、それぞれ固有の姿で見出せるのである。ソクラテスと僕童の対話においては、「基盤」は自然言語で十分であり、「流れ」はほとんど日常的な意味での対話でよく、「決済」は見ることでよかった。その意味で、この場合の「正しさの認識スタイル」は、おそらく最も素朴なものの一つと考えてもよいであろう。しかし、第4章以降で議論される演繹的な〈証明〉というスタイルでは、公理論的な形式言語という「基盤」が整備されることで直観のウエイトが極力縮小され、その「決済」はより事務処理的になる。その意味では、「基盤」における言語体系が自然言語から遠ざかれば遠ざかるほど、認識スタイルは素朴なものから、より様式化・儀式化されたものへと変化するとも言えるだろう。そして、現代的な代数学においては、基盤言語は「代数語」という極めて抽象的なものにまで高められ、それに応じてその〈正しさ〉へのアクセスの方法は高度に様式化されている。

このような認識スタイルの多様性は、「基盤」の違いだけによるものだけではない。後述するように、大雑把に言って西洋数学の認識スタイルにおいては伝統的に「流れ」が対話や証明などの修辞的・論証的な論理過程から成っていたのに対して、インドやイスラムなどの東洋数学における「流れ」は計算やアルゴリズム（手順）といった計算ベースの論理過程のウエイトが高かった。そしてこの事実が、両者の数学の基本的なあり方の違いに直結している。例えば、東洋数学には演繹的な「証明」という方法によらない、独特の「正しさを確信させる方法」があるが、これは主に計算や計算手順を精緻に組み上げ、そこから得られたものを「観察する」という形で決済することから成り立っていることが多い（次章でそのようなスタイルの一例を見る）。

もちろん、数学的な〈正しさ〉には時代や地域を超えた普遍性がある。実際、そのような印象的な例を我々は次章の最後で見ることになる。しかし、これに対して、正しさを留保し確信させるための方法・様式には、より人間性が色濃く反映されるのが常であり、そこには多種多様なものがあり得るのだ。これら人間性の発露としての「正しさの認識スタイル」をできるだけ数多く検討し、それを通して現代的な〈正しさ〉の認識スタイルを今一度検討に付するというのが、今後の我々の目標となる。そこで次章では、まず手始めに江戸時代の日本の和算における認識スタイルについて検討することにしよう。

第3章
数を観る

円周率

円の直径に対する円周の長さの比、つまり円周の周長を直径で割った値は、円の大小にかかわらず、また何を長さの単位とするかによらず一定である。この数は「円周率」と呼ばれ、数学では「π」という記号で書かれる。このことは、読者の多くもきっとご存知だろう。

有史以来、この数が多くの人々の興味を惹いてきたことは想像に難くない。円とは最も対称性のよい、最もシンプルな平面図形である。最も対称性がよいということは、最も美しいということでもある。そのようなシンプルで美しい図形が、まさに目にも鮮やかに見せる数として円周率は自然に考えられるようになったに違いない。しかも、それはどんな大きさの円にも共通しているという意味で普遍的な数である。その意味では、「円」という美しくも不可思議な図形の深奥の本質を表す究極の数であるとも考えられたであろう。それだけではなく、円形の土地の面積を求めるという実際的な問題を考える上でも、円周率は重要な役割を果たす。実際、円の面積は半径の2乗に円周率をかけたものに等しいからである。

ところで、今述べたように、円の面積が、

半径×半径×π

という公式で与えられること、あるいは同じことだが、それが円周を底辺とし半径を高さとする三角形の面積に等しいことを最初に証明したのはアルキメデス（前二八七頃〜前二一二）であるとされている。古代文明をも含めた大きな歴史的スパンで考えれば、意外と最近まで完全には証明されていなかったというわけだ。この公式はさらに言い換えれば、円の面積は半径を一辺とする正方形の面積のπ倍であるということを意味している。「直径に対する円周の比」は、「半径を一辺とする正方形の面積に対する円の面積の比」に等しいというわけだ。長さと面積という異なる次元の量の比として、πという数は共通して出現するわけである。このこと自体、ある意味では驚くべきことであるし、アルキメデス以前の初期の人類がそこまで深く円周率πという数の役割を理解していたかどうかは疑わしい。

それはともかくとしても、このように「π」という数は、円という素朴でシンプルな図形を通して、素朴に直観される〈数〉であった。まさに「見る」ことによって得られた数である。その意味では、πという数の〈存在〉は明らかだ。何しろ、それは目に見える数なのだから。

しかし、この目にも鮮やかに存在しているはずの数πを実際に計算してみようとすると、実は非常に難しいことがわかる。素朴な数でありながら、同時にそれは〈難しい数〉でもあるのだ。現在ではその値は、

3.14159265358979323846264338327950288419716939 9……

などと計算されている。その計算はスーパーコンピューターの性能を測る一つの目安ともなっており、最近では小数点以下一兆桁をも超える精度でπの値は計算されているそうだ。しかし、そこまで到るには、どうしても現代的なテクノロジーが必要である。πの値をできるだけ正確に求めること。これは数学やそれに関連した技術の進歩の歴史と、常に歩みを共にしてきた問題なのである。

素朴な計算法

円周率πの近似値を実際に求めることが、いかに難しいことであるかを説明するために、しばらくその最も素朴な計算法について述べてみよう。

πを求める上で多分最も素朴な方法は、例えば図4のように、円を正6角形や正12角形などの「正多角形」で近似して、その周長を求めるというものである。今、直径が1の円を考えよう。このとき、その円周の長さはπに等しい。図4のように、この円の内部に正6角形を内接させる

と、その正6角形の各辺の長さは、円の半径と等しくなるので$\frac{1}{2}$に等しい。正6角形には6個の辺があるので、その周長は$\frac{1}{2}\times6=3$に等しくなる。また、図から見て明らかなように、円に内接する正多角形の周長は、円周の長さよりは小さい。したがって、πの値は少なくとも3よりは大きいとわかる。

「3より大きい」くらいでは、あまりπについて精度のよい知識とは言えない。もう少し精度を上げたいと思うなら、例えば正12角形のように、内接される正多角形の辺の数を増やす必要がある。正12角形で計算すると、その周の長さはだいたい3.105828…くらいになる。もちろん、その計算は正6角形のときよりも複雑で難しい。興味のある読者は、自分でやってみられるとよい。いずれにしても、正12角形を考えることで、πの値はだいたい3.1よりは大きいとわかる。もちろん、これでもまだ実際のπの値の小数点以下1桁目も確定できないから、満足できる計算結果とは到底言えない。

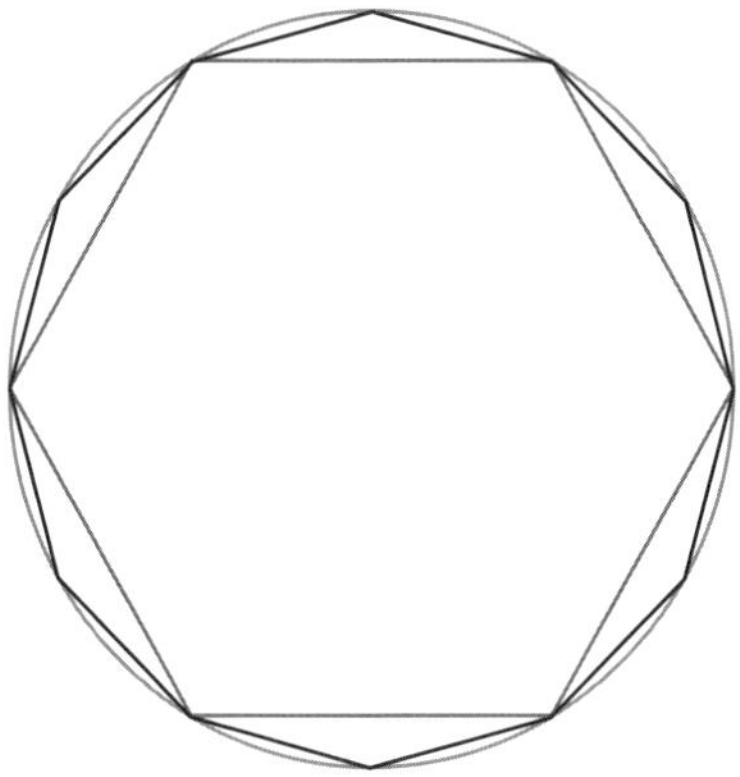
図4　円に内接する正6角形と正12角形

さて、今まではもっぱら円に内接する正多角形ばかりを考えてきたが、同様に、円に外接する正多角形を考えることもできる。図5のように直径1の円に外接する正6角形を考えると、その周長は約3.464102…となり、外接する正12角形の周長は約

3.215390… となる。
外接多角形も考えることのメリットは、πの値を上からも押さえることができることにある。内接多角形の周長は、図4からもわかるように、常に実際のπの値よりは小さい。よって、辺の数をどんなに増やしても、わかることは「πの値は○○より大きい」ということだけである。つまり、πの値を〈下から〉近似していくことしかできない。しかし、外接正多角形の周長は円周よりも明らかに大きいので、その周長を求めると「πの値は××より小さい」という結果を得ることができる。この二つを組み合わせれば、「πの値は○○よりは大きく、××よりは小さい」という形の〈両側からの〉近似を得ることができる。

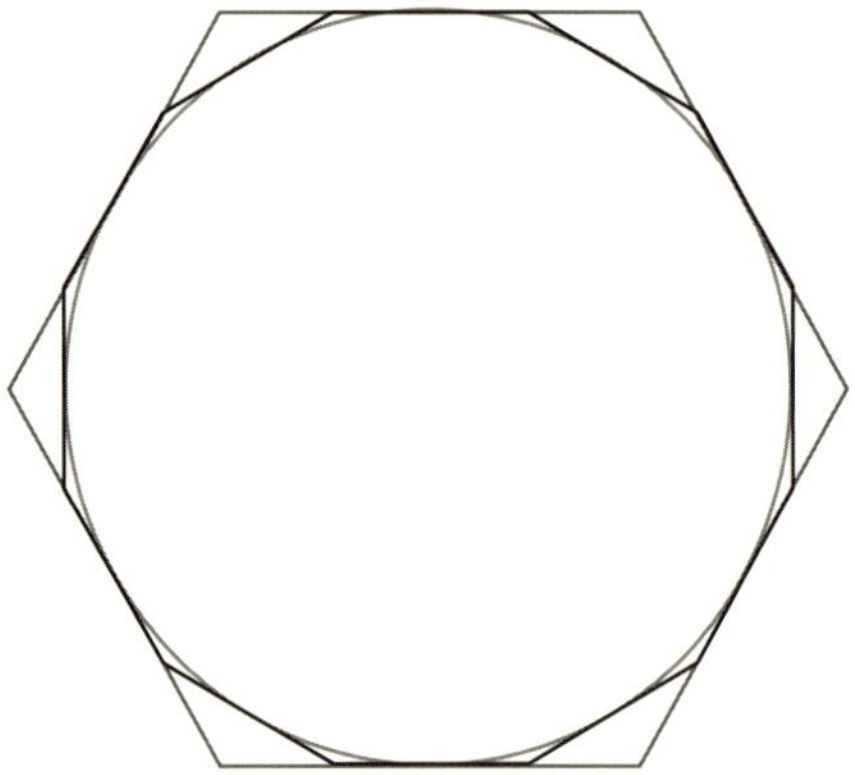

図5　円に外接する正6角形と正12角形

例えば、内接12角形と外接12角形を考えることで、πの値はだいたい3.10よりは大きく、3.22よりは小さいということがわかる。これは、円周率πを小数展開すると、その小数点以下1桁目は1か2のどちらかであることを意味している。つまり、πの実際の値は3.1…という形か、3.2…という形かのどちらかであるというわけだ。3.0…とか3.3…とは決してならないことがわかるのである。

もちろん、πの実際の値は3.14…となるから、この結果はまだまだ満足のいくものではない。小数点以下1桁目が「1」であることを確定するためには、正12角形では不十分なのである。それでは、さらに精度を上げて正24角形ではどうか。この計算は正12角形の場合よりもさらに複雑となる。実際に計算を行ってみると、内接正24角形の周長は約3.132628で、外接正24角形の周長は約3.159660となる。これより、πの値は3.13より大きく3.16より小さいとわかるので、その小数点以下一桁目の数は正しく「1」と確定する。

しかし、これでもまだ読者は満足しないであろう。小学生でもπの値は「約3.14」と習う（はずである）。とすれば、小数点以下2桁くらいまでは、その数を正しく計算したい。正24角形を用いた計算では、まだπの値が3.13…なのか3.14…なのか、さらには3.15…なのか決まらないのである。

実は、πの値を小数点以下2桁目まで精確に計算しようと思ったら、さらにさらに辺の数を増やして計算の精度を上げなければならない。具体的には正96角形くらいまで計算しなければならないのである！　内接する正96角形の周長は約3.141031で、外接する正96角形の周長は約3.142715である。ここまで来てようやく、πの値が3.14…という形であることが確定する。小数点以下の桁をたった二つ求めるだけでも、いかに大変な計算であるかがわかると思う。

その歴史

歴史上、πの値を小数点以下二桁目まで確定させる、つまり、よく知られているように「π＝3.14…」であることを最初に正しく計算した人は、何人か知られている。有名なのは、先にも述べたアルキメデスであり、彼はまさに今我々が見てきたような方法で、正96角形を使って計算した。

これとは独立に、中国の劉徽《りゅうき》（三世紀頃）は、これとはやや異なるが似た方法で「π＝3.14…」という結果を得ている。劉徽は自分の計算に工夫を重ね、さらに正3072角形くらいの計算をして精度を上げることで、πの近似値として3.14159を得ている。これは小数点以下5桁まで合っている驚きの結果である。さらに祖沖之《そちゅうし》（四二九～五〇〇）は、

$$\frac{355}{113}=3.1415929\cdots\cdots$$

という素晴らしい近似分数を得ている。これは小数点以下6桁目までπの値と合致しているわけだから、当時としては驚くべき精度であると言わざるを得ない。

もちろん、物事には必ず「上には上がいる」もので、西洋ではオランダ人のファン・ケーレン（一五四〇～一六一〇）という人が、その生涯のほとんどを円周率計算に没頭し、なんと小数点以下35桁目まで正しい計算結果を得た。

こうなってくると数学の問題というより、むしろ根性の問題である。理論上は正多角形の辺の数を増やせば増やすほど、πの正確な値に限りなく近付く。また、正多角形の周の長さを求めることは、基本的には初等幾何の問題だ。だから時間とやる気さえあれば、理屈の上ではいくらでも精度のよいπの近似値を計算できるはずである。しかし、辺の数が増えれば増えるだけその計算はどんどん複雑になり、手計算で正確に間違いなく行うことは非常に困難になる。実際問題として、何千角形や何万角形の周長を小数点以下何十桁もの精度で計算することは、ほとんど人間業とは思えない様相を呈してくるであろう。「正多角形による近似」という素朴な方法で円周率を求めるという仕事は、最後は根気と根性と計算力の勝負となってしまうのだ。

日本人の寄与

ここで日本人の業績に目を向けてみよう。すでに江戸時代初期の十七世紀に、村松茂清（一六〇八〜九五）が内接正32768角形の周長を丹念に計算することで、小数点以下7桁目まで正しい結果を得ていた。そもそも当時の日本では、外来（主に中国から）の様々な書物により、円周率が3であったり3.14であったり、また3.16であったりと、その値についての基盤的知識が混乱していた。村松の計算は、この混乱している状況に終止符をうち、円周率の近似値として「3.14」が正しく有効なものであることを示したという意味で、日本の数学（和算）の歴史上価値のある仕事である。

この村松の結果を継承して、大きく発展させたのが、有名な関孝和《せきたかかず》（一六四二?〜一七〇八）である。関は結果としてπの値を小数点以下18桁目まで正しく計算をしていた。ここで注目すべきなのは、関の計算には今まで見てきた「正多角形による近似計算」という素朴なものからは一線を画した、新しいアイデアの萌芽が見られることである。

関は内接する正多角形の辺の数が131072（＝２の17乗）になるまで計算を積み重ね、得られた結果を用いて一回だけ加速計算を行っている。この「加速計算」というところに問題の核心があるのであるが、これを説明するには、関の最大の後継者である建部《たけべ》賢弘《かたひろ》（一六六四〜一七三九）による円周率計算を見た方がわかりやすいだろう。

建部賢弘の計算

建部賢弘は円周率の近似計算について、その著作『綴術算経《てつじゅつさんけい》』の中で、以下に述べるような素晴らしい計算結果を残している。これを『数学の歴史――和算と西欧数学の発展』（小川束・平野葉一著）の第一章の記述をもとに概観してみよう。

まず、建部は直径１の円に内接する正方形（正４角形）から始めて、順次辺の数を２倍することで、内接正１０２４角形の周長まで求める。４は２の２乗であり、１０２４は２の10乗である。すなわち2^2（２の２乗）角形から始めて、2^3（２の３乗）角形、2^4（２の４乗）角形と進み、最後に2^{10}（２の10乗）角形まで計算したわけだ。つまり、2^n（２のn乗）角形の周長を$n=2$〜10について求めたことになる。

現実に求めてみると、最後の2^{10}角形の周長を計算しても、円周率は小数点以下第４位までしか正しく求まらない。したがって、このままでは円周率の近似計算としては、あまり精度のよくないものにとどまる。しかし、ここからが建部の計算の面白いところである。

まず、建部はこれら 2^n 角形の周長の「階差」を計算した。つまり、

2^3 角形の周長から 2^2 角形の周長を引く
2^4 角形の周長から 2^3 角形の周長を引く
2^5 角形の周長から 2^4 角形の周長を引く
……（以下同様）
2^{10} 角形の周長から 2^9 角形の周長を引く

と計算した。以下がその結果である（建部は小数点以下45桁まで計算しているが、ここでは小数点以下25桁のみ記載する）。

0.2330403334174528076224302 4……
0.0599776933373341111744878 0……
0.0151033382878869782417001……
0.0037826664088136485028604……
0.0009460939780199557449012……

0.0002365502115282082664952……

0.0000591392227903078072850……

0.0000147849100683164930541……

ここで建部は、この数の列に以下のような「近似的なパターン」があることを洞察する。最初の数「0.23304…」と次の数「0.05997…」を比べると、後者は前者のだいたい $1/4$ くらいである。同様に「0.05997…」と三番目の数「0.01510…」を比べても、後者は前者の $1/4$ くらいになっている。以下同様で、左右となり合う数同士を比べると、左の数は右の数のだいたい $1/4$ くらいになっているのである。

もちろん、この「$1/4$」というのは完全に正しいというわけではない、あくまでも近似的なパターンである。しかし建部は（おそらく上記の他にも補助的計算を多くこなすことによって）この「$1/4$」というパターンは、2^n 角形の n を大きくすることで、より正確なものになっていくと睨んだ。つまり、それは近似的なパターンであるが、極めてよい近似なのであると理解したのである。

この〈パターン〉を信じることのご利益は非常に大きい。これを信じることで、実際には計算していない 2^{11} 角形の周長や 2^{12} 角形の周長などを（完全には一致しないにしても）かなりの精度で、しかも簡単に計算できる。原理的にはどんなに大きい n についても 2^n 角形の周長を容易に予測できるのだ。

それだけではない。「次々に1/4倍されていく」という形の数の列は、一般に「等比数列」と呼ばれており、現在では高校の数学でも習う。2^n角形の周長の階差が等比数列で近似できるのであれば、高校でも習う「等比数列の和の公式」を用いてnを無限大に飛ばした極限を計算できることになる。そして、その「極限値」は、もちろん、実際のπの値に極めて近いものになるだろうと予想される。

関や建部が、すぐ後で述べるように、現代的な「極限」の考え方を持っていたとはちょっと考えにくいが、彼らがこれと原理的には同等の計算をしていたことは事実である。建部はこれによって、πの近似値として、

3.1415926535805158061265389……

という小数点以下11桁まで正しい値を出すことに成功した。実際の多角形計算では高々１０２４角形までの周長しか使用せず、そのままでは小数点以下４桁までしか合っていなかったのである。その状態から、計算の工夫と数に対する鋭い洞察によって、計算結果の精度を飛躍的に向上させることができたわけだ。

数を「観る」

建部はこの形の「加速計算」を一度のみならず、二度、三度と繰り返すことで、最終的に小数

点以下第40位まで正しい計算結果を得ることに成功した。建部はこの方法を「累遍増約術」と呼んだが、これは現代の目から見ると、「ロンバーグ法」という定積分の数値計算のための一般的方法を円周の場合に適用したものに他ならないことが指摘されている（『数学の歴史』六五頁）。先に現れた「1/4」という〈魔法の比率〉は、もちろん、辺の数を次々に2倍するときの「2」という数に由来するもので、実は円周だけでなく、より一般の曲線の近似計算にも現れる普遍的なものである。

それはそうとしても、ここで関や建部によって編み出された計算の手法が、それ以前の素朴な方法とは本質的に異なった認識能力に基づいたものであることは注目に値する。内接・外接正多角形の周長によって円周率を求めるという従来の方法は、図形を直接「見る」という直観に基づいたものである。しかし、関や建部の計算においては、このような図形的な「見る」だけではなく、そうして得られた数の列を「観る＝観察する」ことで、そこに隠れた〈パターン〉を認識することが重要なポイントであった。つまり、

図形を見る　→　数を認識する

というのが従来の素朴な視点であるとするならば、さらにこれに続いて、

数を観る　→　数を（より深く）認識する

という、さらに高次の認識能力が用いられているわけだ。そして、それによって新たな視点が編み出されたわけである。図式「数を観る→数を認識する」は、理論上は何度も繰り返して実行できるわけだから、この新しい視点の威力は甚大だ。数を注意深く観察することで、数についてのより深い知識が得られるのみならず、それをできる範囲で繰り返すことで、数についての理解を順次深めていくことができるというわけである。実際、建部は我々が先に概観したような加速計算を繰り返し実行することで、次第に自分の計算結果をより精確なものに〈磨きをかけて〉いったのであった。

「注目すべき事実」

円周率πの素朴な計算法とは、円に内接・外接する正多角形の外周の長さを計算し、正多角形の辺の数を必要に応じて大きくしていくことで計算の精度を上げるというものであった。その際、内接する正多角形のみならず外接する正多角形も考えることで、πの値を上からも下からも評価する、つまり「πは○○よりは大きく、××よりは小さい」という〈両側からの〉評価を得ることができることも前述した通りである。アルキメデスによるπの評価も、中国の劉徽や祖沖之の計算も同様で、やはりπの値を両側から評価するというものであった。実際、祖沖之はπの値が3.1415926より大きく3.1415927よりは小さいという、極めて精度の高い評価を得ていたことが知られている。これにより、その値は小数点以下第6位まで（3.141592まで）確定する。

その一方で、村松や関、さらには建部に到る日本の数学、いわゆる「和算」の伝統においては、このように両側から評価するという考え方が一切見られないことが指摘されている。和算においても円周率の計算は盛んに行われており、それは古代ギリシャ世界や中国と同様に円を多角形で近似するという素朴なアイデア、つまりは図形を「見る」ことから素朴に考案された方法から始まっている。そしてそこでは、前述したように、当時としては極めて斬新な「加速計算」のアイデアが編み出され利用されていたのである。その意味では大変高度な数値計算の技術を、当時の日本人は獲得していたわけだ。しかしその中にあっても、アルキメデスや中国の数学者たちのように上と下の両方からの評価をすることで着実に小数点以下の桁の数を確定していくという形の議論は、和算においては一切見受けられない。「これは注目すべき事実である」と村田全は述べている（『日本の数学　西洋の数学』二一頁）。もしかすると、ここには当時の日本人の数認識のあり方の特徴が散見できるのかもしれない。

これとは別に、先に概観した建部の『綴術算経』の中に、建部の〈数〉の捉え方の一端が垣間見える一節がある。

直径一尺の円を切って正方形にして、その周の長さの二乗を求める。また切って正八角形にして、その周の長さの二乗を求める。また切って正三十二角形を作り、さらに六十四角形を作り、さらに百二十八角形を作る。このように順に角数を倍にして、それぞれの周の二乗を求めて、その数値を観察すると、徐々に真の値に近づくとはいえ一向に真値に達しない。

（『数学の歴史』一一頁）

ここで述べられている「真の値」や「真値」は、円周率πの2乗の値のことを意味している。建部はこの「真値」が究極の数値として間違いなく存在しているとしながら、そこに「近づく」とか「達する」といった言葉を用いて、自分が行った近似計算の意味付けを行っているわけだ。ここで「近づく」という言葉の意味が問題である。現代的な極限の考え方をナイーブに当てはめてしまうことはできないだろう。それに、建部もπの2乗の真値を知っていたわけではないし、完全に計算できるわけではない。その値は、いかに努力しても決して達することのできない〈究極の値〉であることは十分承知している。そうでありながら、その〈知られざる値〉に近づく、あるいは近づいているという認識を、建部はどのようにして獲得していたのであろうか。ここに問題の核心がある。アルキメデスや中国の数学者たちは、その〈真値〉を上と下から評価する、つまり両側から挟み込むことによって「近づいている」という感覚を得ていたとすれば、建部ら日本の数学者は何によって「近づいている」という認識を得たのであろうか。

これについて、小川東は次のような意見を述べている（『数学の歴史』一三頁）。建部は『綴術算経』の別の箇所で、円周率πの2乗を計算するために内接する正方形から始めて、順に辺の数を倍にしていき、正2^{11}角形までその周長の2乗の値を計算した。以下がその結果である。

8.000000000000000000000……

9.3725830020304792191729804……
9.7434198385552952155925517……
9.8379364335460100473946950……
9.8616797753407769705739200……
9.8676227672277588805910138……
9.8691089627801152465911917……
9.8694805396467323179511059……
9.8695734356121186517973841……
9.8695966597127621467162277……

この結果を「観る」と、四つ目以降の数はすべて「9.8…」となっているので、〈真値〉も「9.8…」となっているはずだと予想できる。また、五つ目以降はすべて「9.86…」となっているので、かなりの確信をもって真値もそうなっていると認識できるだろう。さらに、最後の数個を観察すれば、真値は「9.869…」となっていることも大丈夫そうである。このように、計算の精度を上げていっても〈変化しない桁〉があり、しかもそのような桁の個数は順次増えていっている。このことをもって、建部は「真値に近づく」としたのではないか、というのが小川の意見である。そして、その認識の上に立って、この計算方法ではその近似値が真値に近づく速度が遅いと判断されるため、前述したような計算の工夫を考案したということなのだという。

計算すべき値を上と下の両側から挟み込むというやり方は、円に内接あるいは外接する正多角形の図を「見る」ことから案出されるという意味で、優れて図形的・視覚的な直観に基づいている。すなわち、それは「見る」ことで決済するという数学の認識のあり方である。他方、建部のような〈変化しない桁〉を眈々と観察することで真値に近づく様子を理解するというやり方は、数や数のならびを「観る」、つまり観察によってその中からパターンを抽出するという認識のあり方に基づいている。

数のならびにおける桁の変化のあり様から〈真値〉へ近づく様子を見極めるという認識スタイルは、建部のまた別の仕事である「円弧の無限級数展開」にも極めて典型的に現れている。ここで建部は、円周全体の長さを求めるという従来の考えを捨てて、極めて小さい円弧の弧長を測るというアイデアを用いる。円弧を小さくすることによって近似計算における数自体や誤差なども小さくなり、桁のならびの特徴・パターンを際立たせることができるからである。例えば、建部が実際に計算した数を例にとれば、

0.000100000000333333351111112253969066666……

という数が計算されたとき、これが 0.0001 に、

0.000000000033333333……

（三億分の一）をたしたものに極めて近いことが、かなり明瞭にわかる。建部はこのような形の「観察＝観る」を駆使して、現代の言葉で言うと逆正弦 arcsine 関数の2乗のテイラー展開を求めることに成功した（詳しい計算の過程は、『数学の歴史』第四章を参照）。これは和算の歴史上のみならず、世界の数学の歴史上においても金字塔とされるべき素晴らしい成果である。ちなみに、逆三角関数のテイラー展開は、実は建部の仕事よりも早く、十四世紀から十五世紀にかけて活躍したインドのマーダヴァや、その学統を引き継ぐ、いわゆるケララ学派によっても得られている。これについては第8章で後述することにしよう。

数や数のならびを観察して、そこに隠れた深奥の理を見出し、幾重にも磨きをかけていく。こう言うと、優れて日本的な物の見方・考え方の顕現であるのかもしれない。それはともあれ、これが関や建部ら和算の巨人たちにとっての数学のやり方であり、基本的な認識・理解のあり方だったと思われるのである。

証明のない〈正しさ〉

数を「観る」ことで数を磨き、真値という〈正しさ〉に近づいていく。これが関や建部らの和算における円周率計算の基本スタイルであった。その初期のアプローチこそ、ギリシャ数学や中国数学とも共通した素朴な方法を土台にしたものであったが、和算はそこから独自の展開を見せ、新たな境地を開拓することができた。その背景には〈数〉や〈正しさ〉に対する独特の認識の形態が遠因として存在している。和算においては円周率の値を両側から押さえるという形で「近づく」という認識をしていなかった。これは「注目すべき事実」であると述べたが、このこと自体も、和算が〈数〉や〈正しさ〉に対して独特の認識スタイルを持っていたことの一つの顕われなのであろうと思われる。

さらに言えば、建部らによる円周率計算は、その方法が極めて高度なものであったにもかかわらず、今までいくつか見てきたような「証明」や「対話」を伴った議論の形態とは、極めて異質なものであることも注目すべき事実である。例えば「三角形の内角の和は一八〇度に等しい」といった命題に続いて、十分形式的な言葉で書かれた証明が与えられる、という形の議論はどこにも見当たらない。その意味では、それは〈証明のない数学〉なのである。

しかし、それでもなお、そこには「流れ」があり「決済」があり、これらが絶妙に組み合わされて一つの物語を形作る舞台としての「基盤」がある。つまり、前章の終わりに述べた「正しさの認識における三要素」は、すべて独特のスタイルで存在しているのだ。実際、ここでは自然言語を「基盤」としながらも、畳みかけるような計算によって「流れ」がほとばしり、そうして出てきた数のならびを「観る」ことによって認識の「決済」が下されている。そうであればこそ、そこに何らかの〈正しさ〉の主張を含んだストーリーが展開されるのであり、その〈正しさ〉を確信させる説得力があるのである。

そして——ここが数学という学問の不思議なところであるが——その〈正しさ〉は普遍的なものである。

昔、関氏は円を細かくして、定周を求め、零約術によって、径率、周率を求めた。これより二十数年を経て、隋史を見ると、周率も率数もことごとく、思いがけなく一致している。嗚呼、祖先生であり、関先生である。国を異にし、時代を異にするといえども、真理に出会うことはともに同じである。不思議であるというべきである。

（『数学の歴史』四三頁）

建部はここで、隋書の中に記された祖沖之による円周率の近似値（および近似分数）が、自分の師である関の結果と一致しているのを発見して驚き、感嘆の言をもらしている。時代や国だけでなく、恐らくは基本理念やアプローチの方法にも違いがあったのである。それでも、得られた結果はゆくりなくも同じであった。数学における〈正しさ〉の普遍性という、この不思議で妙なるものが、歴史上最も劇的に嘆賞された瞬間だったのではないだろうか。

第4章

儀式としての証明

「証明する」ということ

数学において「証明する」という行為は、最も重要な仕事の一つである。大学・大学院で数学を専攻し、数学の研究者を目指す人たちは、早い段階で「証明」の基本を学ばなければならない。証明の技法を学ぶだけでなく、そもそも証明とは何か、さらに言えば、何は証明すべきで何は証明しなくてもよいか、という見極めも自然にできるように訓練される。それとともに、テキストや論文に書かれている一文一文が、全体の論理の連関の中でどのように位置づけられるか、それは仮定なのか、それとも結論なのか、何かの結論なのであれば、それはどこから導き出されたのか、といった事柄を精密に追跡・把握する能力を養うことで、議論全体の論理構造をしっかり理解することが要求されるのである。

数学において「証明する」ことが特別に重要である理由は、特に説明するまでもないだろう。

数学においては正しい事実や正しい議論を積み重ねなければ、正しい結論を得ることはできない。論理の鎖の中に一つでも正しくない部分があれば、全体の正しさは崩壊するか、たとえそうではなくても説得力を失う。その鎖の一つ一つを十分に批判・対話に耐え得る程度に明瞭に順序よく配置し、基盤的世界を共有する人なら誰でもその妥当性を確認することができる程度に客観的に書いた文書、これが「証明」に他ならない。その意味では、数学における証明には少なくとも形式的には他人との「対話」が目論まれているのであり、原理的には誰とでもその〈正しさ〉を共有できるだけの客観性が要求されているのである。そして、この厳しい客観性の規準のために、数学における演繹的証明は命題や定理の〈正しさ〉を確信させる方法として最も有効な手段となってきた。

このように、少なくとも現代数学においては、数学における〈正しさ〉を支えているものは「証明」である。「数学とは証明の学問だ」という意見を持つ人々は多いであろうし、そのような意見はもちろん、ある意味において正しいと言わざるを得ない。すなわち、現代数学においては、

正しさを確信させる方法 ＝ 証明

という方程式が、意識するしないにかかわらず、その最も重要な中心信条《セントラルドグマ》の一つになっているというわけなのだ。

しかしその一方で、前章で見た和算における円周率の近似計算のように、ある種の〈正しさ〉

を十分に説得力を持って示していながら、そこに「証明」らしき形式が見当たらないという数学のあり方もある。そこにはある種独特の「正しさを確信させる方法」がありながら、それ自体は〈証明のない数学〉なのだ。現代数学のパラダイムからすれば、証明がない以上、それは数学ではないということになってしまうだろう。しかし、関や建部の円周率計算における加速計算のように、そうとはとても言い切れないほどの高度で斬新な技術と見識を和算は持っていたのである。それは厳然として一つの数学なのであり、数学的な〈正しさ〉を見紛うことなく発見し創造している。

また、第8章で後述するように、数学には数千年におよぶ長い歴史と、古代ギリシャや近代西洋だけにとどまらず、中世イスラム世界やインド、中国などの様々な地域・文明における多様な伝統の系譜が存在するのであるが、そのような大局的な視点から見ると、今議論しているような演繹的「証明」をその〈正しさ〉を留保するための方法として採用している数学の系譜は、むしろ極めて特異なものに見える。「証明」による数学を開始したのは古代ギリシャの数学であると言われており、このことは今後しばらく我々の議論の中心となるのであるが、その伝統の少なくとも一部を受け継いだと思われる中世イスラム数学においてすら、「証明」による演繹的数学が積極的に活用された痕跡はない。インド数学や中国数学においても同様で、古代ギリシャ的「証明」が近現代の西洋数学のように、そのほとんど唯一の方法論として採用されたり、積極的に必要とされたりしたことはなかった。それでもなお、これらの数学の伝統は（第8章で概観するように）極めて豊かで深い理論を構築し得たのである。

これらの事実は、数学における「証明」の位置づけについて、根本的な見直しを我々に要求しているように思われる。そして、それは「数学における正しさとは何か」という問題にも根幹から関わる問題である。一体、「証明する」とはどのような行為であり、数学という学問において本来どのように位置づけられるべきものなのであろうか？

この問題について考察するため、手始めに、数学における「証明」というものをできる限り客観的に捉え、その出自や歴史的発展も含めた様々な視点から検討してみることにしよう。

『ユークリッド原論』

最初に数学における証明の議論の典型であり、模範とも目されてきたものを検討することにする。それは有名な『ユークリッド原論』における証明の形態である。

『ユークリッド原論』はユークリッド（エウクレイデス、前三三〇〜前二七五頃）の著作と言われる書物で、全十三巻。ユークリッドの時代までに獲得されていたギリシャ文化圏の数学に関するほとんどすべての知識をまとめあげた書物である。後年のプロクロス（四一〇または四一一〜四八五）による『原論第一巻への註釈』には、『ユークリッド原論』という書物の成立背景について次のように謳われている。

〔ユークリッドは〕『原論』を編纂し、エウドクソスの多くの定理を系統的にまとめ、テアイテトスの多くの定理を完成させ、先駆者たちがやや厳密性を欠くまとめ方をしていた命題に、反論の余地のない証明を与えた。
（『カッツ数学の歴史』七〇頁）

まさにこれが、ユークリッドが『原論』の中で成し遂げたことを簡潔に物語っている。ユークリッド以前の先駆者たちが発見・証明していた幾何学や算術におけるさまざまな定理や命題を集大成したこと。これが『原論』という大著においてユークリッドが行ったことであった。しかし、ここで「集大成した」というのは、単にこれらの定理・命題を百科全書的に集めて収録しただけではないということが重要だ。それは例えば、前述した「三角形の内角の総和は一八〇度に等しい」という定理や、俗に「ピタゴラスの定理」と呼ばれている「三平方の定理」、

直角三角形において（底辺の2乗）+（高さの2乗）=（斜辺の2乗）が成り立つ

など、一見互いに関連のなさそうな定理や命題の数々を、一つの「論理＝流れ」の中に組み込ませたという意味である。音楽に喩えれば、これらが一つの楽章のフレーズとして組み込まれた壮大な楽曲を作ったということだ。

もう少し詳しく述べよう。『原論』の第一巻では、通常「ユークリッド幾何学」と呼ばれている平面図形の幾何学が論じられている。ここで「平面図形の幾何学」とは、円や三角形といった平面上の基本的な図形の性質について体系的にまとめた理論を意味する。その第一巻は、まず次のような「定義」から始まっている（以下、『原論』の記述については、主に『エウクレイデス

全集　第1巻　原論I－VI』を参考にした）。

【定義】

1　点とは部分のないものである。
2　また、線とは幅のない長さである。
3　また、線の両端は点である。
4　直線とは、その上の諸点に対して等しく置かれている線である。
5　また、面とは長さと幅のみを持つものである。
6　また、面の端は線である。
7　平面とは、その上の諸直線に対して等しく置かれている面である。

『原論』第一巻冒頭の「定義」は、このような調子で二十三番目まで続く。この定義の内容を理解し、その是非を議論するのが今の我々の主題ではないが、ここで注目するべきことは、例えば「点」や「線」といった幾何学を展開する上で最も基本的な対象について、その意味を再確認しようとしていることである。「点」や「線」という言葉が意味するものは、誰にでもわかるであろうし、誰にでもある程度共通のものであろう。しかし、そこには微妙な曖昧さもあるかもしれない。『原論』は自然言語が持っているこの曖昧さを極力避け、幾何学という特定の目的に相応しい形に、語句の意味をできるだけ精確に再定義しようとしているのだ。それが成功しているかどうかはともかく、このような語の再定義を通して極力曖昧さを排除しようという努力をしているところが、ここでは注目すべき点である。

「定義」の後に五つの「要請（公準）」と「共通概念（公理）」が続く。「共通概念」は、例えば「同じものに等しいものは互いに等しい」とか、「全体は部分より大きい」など、議論の途中で得られる結果を判断し、論理を流れの中に繋いでいく上で必要な基礎的事実を与えている。これらもやはり、言わば〈当たりまえ〉のことなのであるが、自然言語の持つ論理的曖昧さを払拭し、できるだけ判断を形式化し事務処理化したいという意志の現れである。

「要請（公準）」は幾何学を展開していく上での出発点を与えるものである。

【要請（公準）】

1　点から点へと線が引けること。

2　線分を延長して直線を作ることができること。

3　与えられた中心と半径をもつ円が描けること。

4　すべての直角は等しいこと。

5　もし二直線に落ちる直線が二直角より小さい同じ側の内角を作るならば、二直線が限りなく延長されるとき、内角の和が二直角より小さい側で、それらが出会うこと。

最後の極端に長い要請は有名な「第五公準」、あるいは「平行線公理」と呼ばれているものである。実はこれが『原論』における幾何（ユークリッド幾何）の性格を特徴づける極めて重要な公準なのであるが、これについては本書の最後（第10章）で簡単に触れることになるだろう。

議論の形式化

ここまで、幾何学本体の議論に入るまえに『原論』は「定義」「要請」「共通概念」という三つの準備段階を踏まえることを述べた。言わば、最初のテーマが現れるまえの前奏部分である。ここに見られる著者の意図は、

・自然言語が持つ曖昧さを極力排除して、使用する語句の意味をできるだけ精確に定める。
・議論の出発点やその途中に行うべき判断の形式をできるだけ明瞭にして、議論の事務処理化を図る。

というものである。最初の点は、議論を行う上での共通の基盤世界の構築を、ある意味極端に推し進めたものだと言えるだろう。前述したソクラテスと僕童の対話では、彼らの共通の世界基盤としては自然言語であるギリシャ語で十分であったが、『原論』が行う議論のためにはそれでは不十分だ。少なくとも、著者であるユークリッドはそう感じている。そこで、自然言語に頼るウエイトをできるだけ縮小し、形式化された言語を用いてそれを共通の「基盤」とすることが宣言されているのである。第二の点では、論理と論理を組み合わせて演繹的議論を構成する際の規準

を列挙し、できるだけ直観に頼らない形式的な「決済」のやり方を目指すことが目論まれている。直観的な議論を避けるということは、我々の言葉で言うと「見る」という行いをできるだけ排除するということでもある。以前我々は、数学の議論においては「論理＝流れ」と「直観＝見る・観る」がバランスよく組み合わされる必要があると述べたが、『原論』の議論においては「見る」のウエイトが極力縮小されるというわけだ。このことは『原論』が提供する「証明」のあり方、そしてそれを模範として発展した西洋的数学や現代数学における議論のあり方を理解する上で、極めて重要なポイントである。

ともあれ、以上の準備段階の後に、『原論』第一巻は幾何学本体の議論に入る。最初に主張される命題は、「与えられた線分の上に正三角形を作図すること」だ。命題の本文に続いて、その説明（証明）が入る。図6のように線分ＡＢが与えられたとき、これを半径とする円を、Ａを中心にしたものとＢを中心にしたものの二つ描き、その交点をＧとすれば三角形ＡＢＧが求める正三角形となる。

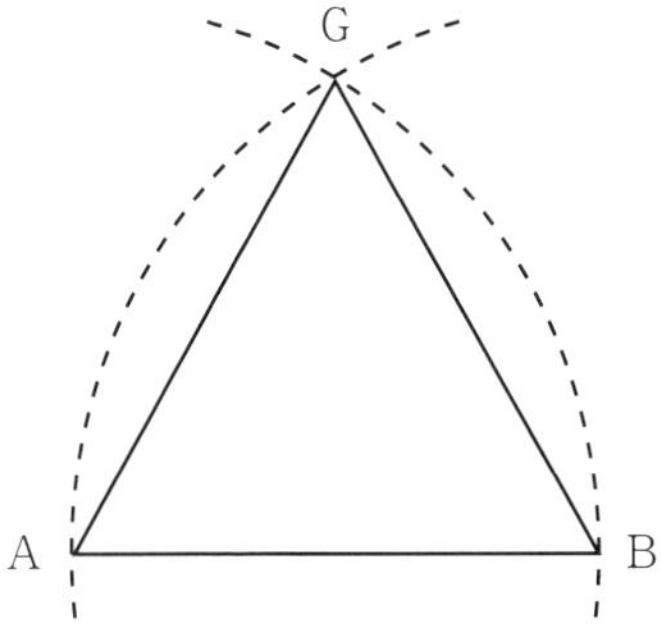

図６　『原論』第一巻命題１

基本的にはこれが「証明」であり、それは図6を見ながら読めば理解できる代物である。『原論』に書かれている「証明」も基本的にはこれと同じものであるが、しかし、書き方のスタイルはかなり異なっている。

まず、『原論』の証明では「要請」や「共通概念」として準備されたものを引用することで、議論の一文一文の出自を保証するという形が意図されている。AやBを中心としてABを半径とする円が描かれるのは、要請3からの帰結である。また、GとAを結んで線分GAが作られるときには要請1が使われている。つまり、「要請」や「共通概念」を適宜用いるという方式をとることによって、直観が立ち入る隙をできるだけ排除しているわけだ。したがって、よく言われるように『原論』の議論においては、図はあくまでも理解のための補助的なものであって、本来はたとえ図がなくても論理的に正しく一貫した形式的議論として、証明自体は独立に存在するべきものであるという思想が根底にある。図を見ながら理解するだけなら、それは直観に頼った議論になってしまうが、『原論』は図の力を借りなくても一つ一つ論理の鎖をたどって議論の正否を判断できるようなスタイルで書かれている。少なくとも、そのような形を目指しているというわけなのだ。

このように極力直観を避けて形式的な議論を目指すという姿勢は、次の命題2においてさらに顕著である。命題2の主張は「与えられた点において与えられた線分を置くこと」である。つまり、与えられた点Aと、これとは無関係に線分BGが与えられたとき、Aを始点としてBGと同じ〈長さの〉線分ALを引くこと——実は第5章で後述するように、線分を〈長さ〉で翻訳することには大きな問題があるのだが——ができることを主張している（図7参照）。その際、線分ALはBGと平行でなくてもよいし、その「方向」は問題ではない。単に線分BGと長さが同じである適当な線分を点Aから引けるか否かのみが問題である。

このこと自体は、直観的には極めて明らかなことだと感じられるだろう。単に与えられた長さの線分を、与えられた点から引くだけの話である。特に証明するまでもないと思われるのが普通だと思う。しかし、『原論』はこのような直観的には一見して明らかに見えるような命題にも、かなり長くて立派な証明を付ける。つまり、これは「証明しなければならない」命題であると考えるのである。その理由は、この命題が後々の議論にとって有用であるだけでなく、それが「定義」「要請」「共通概念」の中には準備されていなかったことだからである。ルールとして約束していなかったからには、証明してその正しさを立証しなければならないというわけだ。

とりあえず、『原論』の中で述べられている証明をここに書いてみよう。ただ、読者はこの証明を理解する必要はない。実際、この証明はかなり長いし難しい。ここで読者に感じとってほしいことは、この命題のように直観的には一見して明らかであるはずのものに、不釣り合いと思われるくらいの複雑な証明が付いているということだけである。

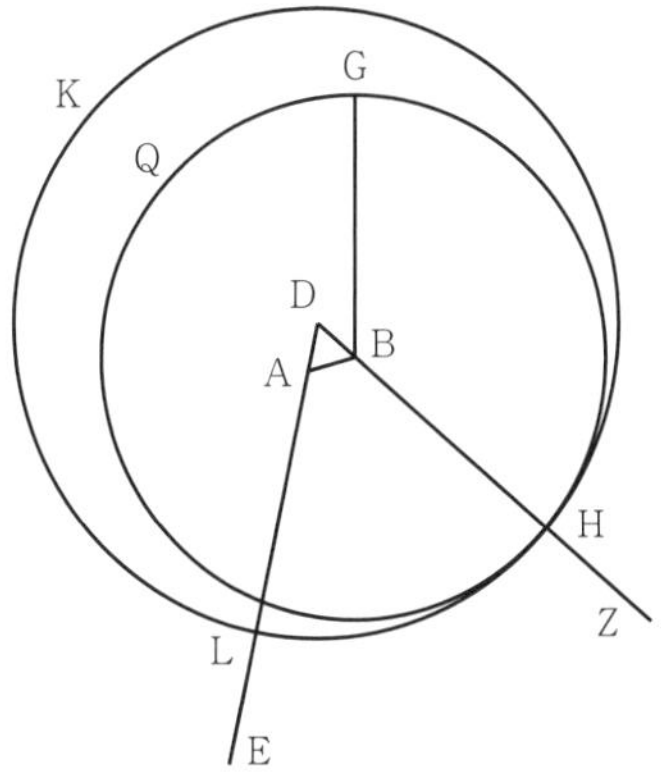

図7 『原論』第一巻命題2

【証明】与えられた点をA、与えられた線分をBGとする。AとBを線分で結んで線分ABを作る（要請1を使う）。その上に正三角形DABを作図する（命題1を使う）。線分DAと線分DBを延長して、直線ＤＥと直線ＤＺを作る（要請２）。Ｂを中心としＢＧを半径とする円を描き（要請３）、直線ＤＺとの交点をＨとする。また、Ｄを中心としＤＨを半径とする円を描き、これと直線ＤＥとの交点をＬとしよう。

ＢＧとＢＨは同じ円の半径であるから、互いに等しい。また、ＤＬとＤＨも同じ円の半径であるから、互いに等しい。三角形ＤＡＢは正三角形であるから、ＤＡとＤＢは等しい。ＡＬはＤＬからＤＡを引いたものであるから、ＤＨからＤＢを引いたもの、つまりＢＨに等しい。よって、ＡＬはＢＧに等しい。

よって、上で作図された線分ＡＬがＡから引かれた長さＢＧの線分を与えており、これが命題で要求されていたことであった。【証明終】

一見して込み入った証明であることがわかるであろう。証明の途中まで具体的に書いたように、一つ一つの操作や議論は、（ほとんど）すべて「定義」「要請」「共通概念」で準備されたことや、これ以前に証明された命題１を使って正当化されている。その証明の内容を理解しようと思ったら、図７のような図を描きながら一つ一つ丹念に確かめていかなければならない。しかし、この証明は図を見てその〈正しさ〉を判断することを意図しているのではなく、あくまでも形式的な議論の積み重ねで正しさを保証するというスタイルで書かれている。図はあくまでも補助的な役割を果たしているに過ぎない。「見よ！」という形の論証の「決済」は、少なくとも表向きは全くない形をしている。むしろ、図は邪魔者あつかいにされているとも言える。図に惑わされずに、定められたルールにしたがって一つ一つの議論を事務的に繋いでいくことが意図され要求されているわけだ。

「見る」の排除

以上見てきたように、『原論』における「証明」は、できるだけ直観的な要素を排して形式論理だけで勝負しようというはっきりとした意図のもとに書かれたものであることがわかる。つまり、「論理=流れ」と「直観=見る・観る」とのバランスという観点からすると、極力後者のウエイトを小さくしようという努力が見られるわけだ。「見る」ことによる認識の「決済」を排除するために、議論の前に「定義」「要請」「共通概念」を明示し、それによって使用する言語や判断のルールを形式化しているのである。

これは別の言い方をすれば、本来直観を発動させて判断を下すべき部分を、できるだけ「定義」「要請」「共通概念」という形で言語化し、ルーティン化しているとも言える。その意味では、『原論』の「証明」は、人間の〈正しさ〉の認識・理解の判断形式をすべて議論の準備段階に押し付けて、少なくとも表向きは直観的議論に全く頼らない事務処理的な認識決済のスタイルを目指している、とも言えるのである。言わば、形式論理一辺倒による流れを強調するために、議論を著しく〈儀式化〉しているのだ。

「見る」ことを嫌うという態度は図のあつかいにも現れている。『原論』の議論や証明、例えば命題2のそれのような複雑な議論を理解するためには、もちろん図による補助は必要である。図を全く思い浮かべないで、完全に文章としての証明を理解することは恐らく不可能だ。しかし、ここでは図はあくまでも補助的なものに過ぎない。図を見て直観的に判断することが容認されているわけではないのである。事実は逆で、図を見て直観的に判断することはむしろ危険であり、あくまでも準備された言語とルールに禁欲的にしたがって、その正しさを判断することが望まれているのだ。「定義」「要請」「共通概念」などの前準備は、第2章の最後に述べた「正しさの認識における三要素」としての「基盤」世界を提示するだけではなく、証明を読む人の判断のあり方までをも統制する目的のために設置されているのである。つまり、それは形式的言語という「基盤」を整備すると同時に、「決済」のあり方をも統制しているのだ。

前述したように、『ユークリッド原論』における議論のスタイルは、その後の数学、特に西洋数学の歴史の中で極めて大きな影響を与え続けた。それは言わば、「証明」の模範であり続けたのである。必要となる基礎事項を「定義」や「公理」という形で事前に準備しておき、議論の本体においてはこれらを出発点として淡々と事務的に議論を繋げていく。そこには「直観＝見る・観る」をできるだけ排除したいという意図があった。だとすれば、現在の数学の議論においても、この基本理念が伝統として受け継がれていることになる。そこに留保される〈正しさ〉は、したがって、演繹的論証というスタイルに基づいた「様式化（儀式化）された正しさ」である。このことは、数学における〈正しさ〉とは何かという我々の考察において、今後も重要な意味を持つことになるであろう。

厳密性の基準

このような議論のスタイルは、近現代の数学、特に西洋数学における伝統となってきたわけだが、実はそれだけではなく、さらなる徹底化が図られてきた。その徹底化とは、厳密性の基準をさらに厳しくしていくというものである。その道程で、直観的な議論はますます排除されることになったのは言うまでもない。

例えば、前述した『原論』第一巻命題1「与えられた線分の上に正三角形を作図すること」の証明では、Aを中心として半径ABの円とBを中心として半径ABの円を描き、その交点の一つをGとしていた。その際、これら二つの円が交点を持つことは自明のこととされている。後世の人々は、この「交点の存在」が「定義」「要請」「共通概念」で準備されたどの基本命題からも導かれないことに気付いていた。ユークリッドやその同時代人たちにとっては自明なこととして、特にその出自を議論する必要はないと感じられていたことが、ことに十九世紀初頭くらいのヨーロッパの数学者たちにとっては自明ではないと思われてきたわけである。数学が発展していく中で、彼らの厳密性の基準が変わってきたのだ。

ここで問題となる「交点の存在」の一つの形を検討してみよう。平面上に一本の無限に長い直線があって、その下側にA地点、上側にB地点があるとする（図8参照）。A地点からB地点まで移動しようと思ったら、少なくとも一回は必ずその直線を超えなければならない。もう少し詳しく述べると、AとBを結ぶ〈連続曲線〉は、直線と少なくとも一回は交わる。このことは、極めて明らかなことに感じられると思う。

しかし、この一見極めて自明に見える命題も、十九世紀前半のボルツァーノやコーシーといった、解析学の理論的基礎を構築しようとしていた人々にとっては、自明としてはいけないことであった。つまり厳密な証明を要する命題であったのである。AからBに到る連続関数のグラフは考えている直線と少なくとも一回は交わる。これは現在では「中間値の定理」と呼ばれる定理であり、大学でも微分積分学の基礎的事実として教わるものである。

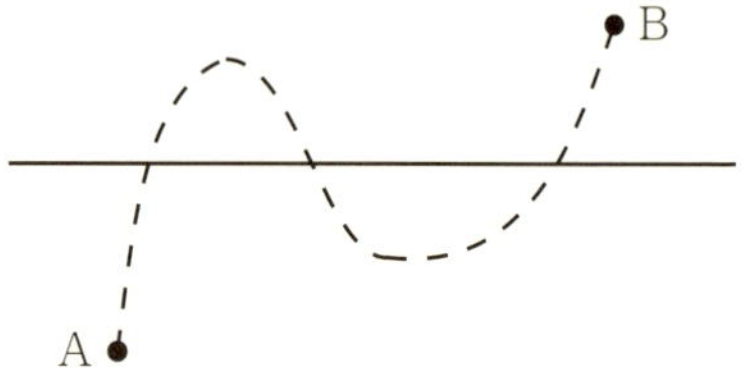

図８　中間値の定理

『原論』の時代（前三世紀頃）のギリシャでは自明であった「交点の存在」が、十九世紀のヨーロッパでは全く自明とは見なされず、証明を要することと考えられるようになった。言わば、〈正しさ〉のための厳密性の基準が時代や地域によって変化しているわけだが、その背景には、そもそも実数や連続性といった基礎事項から曖昧さを排除するための長い歴史がある。そこに散見されるのは、絶対的に「正しい・正しくない」という絶対主義の変遷ではなく、「様式化された正しさ」における様式の変化である。今の場合は、『原論』冒頭の「定義」で点や線といった概念から自然言語特有の曖昧さを取り除くことが意図されていたのと同様に、〈連続＝繋がっている〉という概念から直観的な要素を追放しようという努力である。これによって、「実数論」という新しい言語体系が構築されることになった。現在でも微分積分学の基礎をしっかりと理解するためには、この言語体系を「基盤」世界として修得することが必要である。そして、その極めて〈重い〉準備段階を経て、「中間値の定理」のような一見明らかに見える定理を証明するための下地ができる。もちろん、そこではもはや直観が許される範囲は極めて僅かしかない。

明証性のコペルニクス的転回

『ユークリッド原論』に代表されるギリシャ数学の議論が、以上見てきたように「見る」ことを極力排除していること、言い換えれば極めて「非図解的」であることは、よく指摘される事実である。しかし、その一方で、第2章でも述べたように、「定理」や「証明」を表すギリシャ語である「テオーレオー θεωρέω」や「デイクヌーミ δείκνυμι」は、少なくともその語源的意味においては「見る」ということと深く結びついていた。ソクラテスが僕童に示した平面幾何学の事実についての対話においては、「見る・見せる」ことに議論の落としどころ、つまり「決済」があったことを思い出してほしい。実際、ユークリッドの頃の風潮とは正反対に、初期のギリシャ数学における明証性の手段は図解による現実的具象化に他ならなかったのである（アルパッド・K・サボー『数学のあけぼの――ギリシアの数学と哲学の源流を探る』一五頁以降参照）。

つまり、「見る」ことを排除して極力非図解的な議論による数学を発明した（とされる）ギリシャ人たちにとっても、少なくともその発展の初期においては「見る」ことによる明証性が最も重要であったのだ。ということは、ギリシャ数学の始まりからユークリッドの頃までの数百年間の間に、数学・幾何学における「正しさを確信させる方法」に何らかの大きな変化が起こっていたことになる。もちろん、その変化とは単に方法が変わっただけというような簡単なことではなかったはずだ。〈正しさ〉の認識スタイルが変革されたからには、彼らにとっての〈正しさ〉に対する基本思想にも重大な変化があったはずである。すなわち、数学や幾何学を根元から支える明証性の理念そのものが抜本的に変わったのだ。「見る」ことを積極的に「決済」の第一原理とする立場から一転して、「見る」ことを徹底的に排除する立場へと変化したわけだから、それは極めて劇的な〈コペルニクス的転回〉であったはずである。

この思想上の大きな変革は、大体紀元前五世紀頃のギリシャで起こったと考えられている。それが具体的にどのような過程を経て起こったのか、とは極めて興味をそそられる問題である。しかし、ギリシャ数学やギリシャ哲学の起源についての一般的知識と同様に、これについてもあまり具体的なことはわかっていない。その背景には当時の哲学一般や宗教的な思潮の影響があったと考えられるし、それは甚大であっただろうと推察される。特にピタゴラス学派とエレア派の影響が大きいと考えられている。実際、この二つの学派による思潮はギリシャ哲学そのものの根本的なあり方を決定づけたとも言えるし、その意味では、当然ながらギリシャ数学にも決定的な影響力があったと思われるのだ。

エレア派については後述することにして、以下ではまず、ピタゴラス学派について考えてみたい。

ピタゴラスと神秘主義

ピタゴラスやピタゴラス学派について考えるとき、まずもってその強い神秘主義的傾向が問題になる。ピタゴラス学派とは学者集団であったというよりは宗教教団であった。神秘主義と演繹的数学と言うと、あまり関連のない、むしろ奇妙な組み合わせのように思われるだろう。実際、ピタゴラスのこの強い神秘主義的傾向を理由に、ピタゴラス本人のギリシャ数学への影響力を疑問視する声もある。神秘主義的宗教思想から合理的な演繹的数学の考え方が生まれたはずがないというわけだ。だから、数学・幾何学における数々の発見や数学の証明法に関するイノベーションがあったとしても、それはピタゴラス本人によるものではなく、その弟子たちによるものだったのではないかという意見もある。

これは確かに一理ある。実際、ピタゴラス学派の中では発見は個人的なものではなく、教団全体の成果とする掟があった。この禁を破った学徒の一人が、その罰として海に放り投げられたという言い伝えもある。さらに言えば、ピタゴラス学派は異様なまでに秘密主義にこだわったことが知られている。その結果として、ピタゴラスやピタゴラス学派について後世にまで知られていることは非常に僅かなものとなってしまった。彼らについての直接的伝承は基本的にはいくつかの断片によるものしかなく、しかもこれらの断片すらも原本として遺っているものではない。これらの断片や伝承などに基づいてプラトンやアリストテレスが後世に語り継いでいる情報は少なくないが、長い年月の中で事実とは異なる伝承も混じる結果となった。その意味で、ピタゴラスやピタゴラス学派の数学に対する影響について考えるときも、伝承を無批判に丸呑みすることはできない。

しかし、それはそうだとしても、神秘主義的傾向が論証的数学の発明と矛盾するという考え方には、すぐには同意できない。確かに、この問題を考えるときには注意しなければならないことが多いのも事実だ。例えば、ピタゴラスやピタゴラス学派が後の『ユークリッド原論』に見られるような論証的で形式論理的な数学の議論を始めたということも、実はそれほど根拠のあることではない。プロクロスなどの後代の人々が遺した文献から、そうと推定されるだけというのが実際のところである。しかし、ピタゴラス学派の神秘主義的傾向が深層においてギリシャの自然科学や数学の発展に影響し、特にその明証性のコペルニクス的転回に積極的な役割を果したというのは十分に可能性のあることだ。「学問の歴史でも際立って重要な洞察の一つがなされるにあたって、それがどれほど革命的であろうと、当初その背景にあったのは古代の共同体や迷信や宗教的な認識であり、そこには後の数学や幾何学や科学の道具も前提も、科学的前例もいっさいなく、「科学的方法」もなかった」（キティ・ファーガソン『ピュタゴラスの音楽』九七頁）。

実際、歴史を振り返ってみると、神秘主義と合理的精神は必ずしも相反するものではなかった。例えば、しばしば指摘されるように、近代的な厳密科学の勃興を準備していた十六世紀から十七世紀にかけての西洋社会では、教養人たちの間でヘルメス主義に代表される神秘主義的オカルト思想が蔓延していたが、この時代思潮がかえって近代的知への飛翔を手助けしたという側面は少なくない。錬金術が近代化学の方向性を決定づけたのは歴史が証言する通りであるし、また十六世紀の知の巨人ジロラモ・カルダーノ（一五〇一〜七六）や十七世紀のニュートン（一六四二〜一七二七）すらも占星術に深く傾倒していたことはあまりにも有名である。これらのオカルト知は、現代の我々が考えるように近代科学の対極にあったというわけでは決してなかったのだ。実際のところはむしろその逆で、近代科学の初期の担い手たちを新たな知の冒険へと駆り立てる原動力となっていたことは否定できないのである。

その意味でも、ピタゴラスやピタゴラス学派の強い神秘主義的傾向が、演繹的数学の発明者という通説の姿と真っ向から矛盾するとまでは言い切れない。むしろ、これから述べるように、厳密で形式的な証明という議論の形態を創造する上で、ピタゴラス学派の神秘主義的傾向は積極的な役割を果たした可能性があるのだ。

ピタゴラスとピタゴラス学派

とはいえ、まずもってピタゴラスという人物自体が神秘のヴェールに包まれている。ピタゴラスほど歴史上甚大な影響力を人類にもたらしていながら、自身について知られていることは僅かしかない人物も他にはいないだろう。実際、ピタゴラスについて知られていることで、ほぼ確実とされていることは僅少である。ピタゴラス（前五七〇頃〜前四九五頃）はエーゲ海に浮かぶサモス島の出身で、紀元前五三〇年頃、多分ピタゴラスが四十歳前後の頃に南イタリアのギリシャ植民都市クロトンに移住した。ピタゴラスはそこに三十年間ほど住み、後年ピタゴラス学派と呼ばれる宗教集団を作った。学問の師、宗教指導者としてより他に、その強いカリスマ性から政治面でも重要人物となり政敵も多かったことが禍いして、紀元前五〇〇年頃にはクロトンから逃亡、同じく南イタリアのメタポンティオンに亡命し、数年後そこで亡くなった。ピタゴラスの生涯について知られていることは基本的にはこれですべてである。

ピタゴラスが作ったとされるピタゴラス学派（あるいは「ピタゴラス教団」と言った方が適当かもしれない）は、霊魂の輪廻を主な教義とした、当時の新興宗教団体であった。その活動の中で、宇宙と数の調和について数々の発見・考察を残したと言われている。例えば、竪琴《リラ》の弦が鳴らす音の組み合わせの中で、美しいと感じられる和音と弦の長さとの間にある種の数学的規則があることと見出した。美しい和声が弦の長さの間の単純な規則に基づいているように、一見混沌としているように見える自然や宇宙の中にも単純で規則正しいパターンがあり、それらは数を用いて理解される。ピタゴラス学派は次第にこのような確信を持つようになり、数の関係やパターンを用いて宇宙の真理を理解しようと努めた。その活動の中から彼らの中心信条である「万物の本性は数である」という信念が生まれたとされる。

宇宙の調和や真理の背後には数学的・幾何学的な規則が隠されており、それは数によって解明できる。このような信念を音楽から見出した彼らは、「天空の音楽」を聴くために数学や幾何学を研究した。そしてその過程で演繹的証明による論証的な数学の議論が生まれてきたとされているのである。

このように、ピタゴラスや彼を取り巻く教団の構成員の間には、数や自然に対する〈知的な神秘主義〉があった。「彼は知的に言って、かつて生を享けたことのある人々のうちで、最も重要な人物の一人であった。彼が賢明であった場合とそうでなかった場合との双方において、重要な人物だったのである。論証的で演繹的な議論という意味での数学は、彼とともに始まるのだし、また神秘主義の奇妙なある形態が、彼と密接に結びついているのである」(バートランド・ラッセル『西洋哲学史1』三八頁)。

その意味で、教団の構成員の中には「数学者」と呼んでも支障のないタイプの人物がいた可能性はあっても、ピタゴラス自身は現代の我々が呼んでいるような意味での数学者ではなかった可能性が高い。ラッセルは論証的数学の源流に立つピタゴラスを、数学的・合理的な精神の持ち主、その人類史上最初の人物だったとして安易に神格化してしまうことに、たっぷり皮肉を込めて警告を発している。実際、右の引用書の別のところで彼はピタゴラスのことを「哲学者、予言者、科学者、イカサマ師、といったものの混合」とも呼んでいる。

オルフェウス教の影響

ピタゴラス学派は霊魂の存在や、その輪廻転生について神秘主義的な教義を持っていたのであるが、これはオルフェウス教からの影響であることが指摘されている。

オルフェウス教はもともとディオニソス(バッコス)信仰に端を発しているもので、霊魂の浄化によりバッコス神との一体化を目指した土着信仰である。ディオニソスと言えばニーチェによりアポロンと対比させられたことからも知られているブドウ酒と酔っぱらいの神様であり、その信仰とは集団的狂乱を伴った陶酔を通してバッコス神と一体化することを目指すものであった。ディオニソス信仰は豊穣神を崇拝する農耕民族特有の原始宗教であったが、これを内面化・神秘主義化することで改革したのがオルフェウス教である。ピタゴラスが生きていた紀元前六世紀頃のギリシャ植民地、中でもマグナ・グラエキア（大ヘラス）と呼ばれた南イタリアやシチリア島などでは、オルフェウス教や、それに類似した神秘主義的信仰が流行しており（その意味では十六世紀西洋と状況は似ていたかもしれない）、ピタゴラス教団もその一翼を担っていた。他方、ギリシャ本土ではホメロス以来のオリュンポスの神々が活躍し、我々が『ギリシャ神話』で読むところの愛と放縦の物語を繰り広げていたわけである。そうであってみれば、当時のギリシャ世界にはアポロンに代表される天上の神々（オリュンポスの神々）と、そのアンチテーゼとも言うべき地上の土着信仰が共存していたわけだ。

ピタゴラスが活躍した紀元前六世紀頃というと、古代ギリシャ哲学の先駆けであるイオニア学派やエレア学派が勃興していた頃である。それ以前の迷信的世界観から脱却し、体系的で合理的な思想を展開するようになったとされる時期だ。その先駆けとなったのはミレトスのタレスに始まるミレトス学派であり、ここから始まる哲学の系譜は、以後の西洋哲学や科学の流れの源流となっている。

この頃の哲学については、今述べたように脱迷信的で合理的精神に基づくものとされ、それまでの宗教的先入観に囚われない新鮮なまなざしを世界に向けるようになった、とはしばしば言われることである。こう言われると、それまでの迷信的世界観から突如として一転し、現代的な合理主義にも通じる革新的な精神の革命があったかのように思われるかもしれないが、それはもちろん言い過ぎである。例えば、有名なことだが、タレスの箴言とされる「万物の本性は水である」には、実は続きがある。その続きの部分で、タレスは「［万物には］魂があり、ダイモーン

（精霊）あるいは神々で満ちている」と述べたということだ。このような言明は何ものにも囚われない合理的で科学的なまなざしから直接帰結されるものでないのは明らかであろう。タレスやアナクシマンドロスが始めたことは、現在の我々が言うところの合理的で客観的な世界認識というものでは決してない。コーンフォードが述べているように、彼らはそれまでの古代宗教の発展がもたらしたもの、例えば神話に基づいた世界観から脱却することによって、むしろギリシャ宗教のより原初的表現に戻ったのである（コーンフォード『宗教から哲学へ』）。これは言わば原点回帰なのであり、そうすることで世界や神、霊魂などについてより根本的・宇宙論的な思索を開始し、具体的な事物よりはそれらを構成している根本要素などについて抽象的に考えるようになった。これがギリシャ哲学における合理性と抽象性の先駆けなのであり、長い歴史の中で現在の自然科学・数学におけるような思考のあり方に変化していく端緒なのである。彼らがギリシャ的自然科学の創始者と呼ばれるのには、まさにこのような背景があるのであり、古代ギリシャ哲学から突如として、今日言われるような「科学的精神」が起こったわけではない。

　同様のことがピタゴラスにも言える。ピタゴラス学派もタレスらのミレトス学派と同様に、それまでの宗教的世界観を一新し、より原初的で根本的な表現に立ち返るという時代潮流の一つであった。それはディオニソス信仰やオルフェウス教の流れを汲む神秘主義的思潮であり、イオニア学派の場合と同様に一つの宗教的原点回帰であったのである。この流れの中で物事の本質を抽象的に捉えようとする傾向が生まれ、それが論証的な数学の先駆けとなる様々な影響を遺したと考えられるわけだ。このように考えれば、神秘主義の配色濃厚な宗教教団であるピタゴラス学派から演繹的な数学の議論のスタイルが生まれたとしても、特に不可思議なことではないだろう。

見ることへの忌諱

ディオニソス信仰はもともと農耕民族の自然崇拝に端を発しており、信仰の対象は豊穣の神たる自然神である。自然は四季の変化の中で死と再生を繰り返す。冬には枯れる植物も、種としてその魂は連続性を保ち、春になると新芽として再生、秋にはまた例年のように収穫をもたらす。このような死と再生の繰り返しの中で生命あるいは霊魂の一者性が保たれるというのが、これら自然信仰の基盤にあった。もちろんその信仰の形態は思想的というよりは秘儀的であり、個人的というよりは集団的である。自他の区別がなくなるまで集団で踊り狂うことにより自然神バッコスとの一体化を体感するというのが、その実際の秘儀の形態であった。

オルフェウス教はこれを改革し、教義から農耕民族宗教としての特徴を少なからず薄めた。その基盤に死と再生のサイクルが強調されているのはディオニソス信仰と同様であるが、ディオニソス信仰が目に見える自然の四季のサイクルに専ら注目していたのに対して、オルフェウス教は星辰の運行、とりわけ太陽に注目した。言わば地上の自然神を天上の神＝太陽神に引き上げたわけだ。その分だけ教義は抽象的・隠喩的なものとなったと言える。地上の世界と天上の世界という二分法は、此岸と彼岸という思想上の世界分裂をもたらす。そこでは死と再生を繰り返すのは専ら地上の世界であり、天上の天文学的世界は不変不死の世界である。

この世界分裂は魂の本性における二元論をも帰結する。つまり、もともと天上にあって純粋な状態にあった魂は、原罪によって地上に落下し不浄の魂となる。不浄の魂は様々な生き物の姿に受肉し、死と再生のサイクルを繰り返さなければならない。その中で次第に浄化された魂が、長い受肉期間を終えてまた天上に帰って行く。以上がオルフェウス教における輪廻・転生思想である。

ピタゴラス学派はオルフェウス教をさらに改革した。オルフェウス教においては天と地の断絶は決定的なもので、一度地上に落ちた魂はその浄化のために長く苦しい再受肉期間を経なければならない。そのため、その信仰もディオニソス信仰と同様に秘儀的なものであった。それに対して、ピタゴラス学派の教義においては天と地の関係は全く没交渉的なものというわけではない。地上に生きる不浄なる魂は「調和《ハルモニア》」を通して天上の純粋な魂と常に絆を保つことができる。調和とは彼岸の世界からのメッセージであり、これを感得する耳を持つことで魂は浄化され、再びもとの純粋な状態に戻ることができるというのが彼らの考えであった。そして天上世界との絆を保つために彼らが重視したのが天文学であり、その調和を聴きだすために音楽と数学を研究したのである。したがって、ピタゴラス学派においてはディオニソス信仰やオルフェウス教に見られた秘儀的性格は弱まり、主に知的な信仰活動が中心となった。

このようにピタゴラス学派はオルフェウス教をより知的な信仰に修正する改革運動であったわけだが、その根底には依然としてオルフェウス教における魂の輪廻・転生思想があり、その背景には前述のような天と地の二元的世界観がある。その結果、天上の純粋な世界に対して、此岸である地上世界は偽りのものたちが跋扈する不浄の世界なのだということになる。言わば、純粋の真実性は天上の世界にしか見出せないのであり、我々の身の回りの目に見えるものはどれも〈まやかし〉ということになるわけだ。このような思想傾向はピタゴラス学派以後も脈々と生き続け、後述するエレア派による徹底化を経てプラトン哲学へ流入する。実際、このような彼岸的性格をもつ世界観がプラトンのイデア論の背景にもあると考えるのは極めて自然なことであろう。

今述べたこと、つまりこの世界で「目に見える」ものはどれもまやかしであり、本当の真実は目に見えないものだという考えが、ピタゴラス学派やそれ以後における数学の明証性の概念から徹底的に「見る」ことを排除するという思想基盤を与えたと考えられるのだ。ここで重要なことは、この「見ることへの忌諱」が、単にピタゴラス学派のみの思想的特徴であったにとどまらず、その当時までギリシャ世界の各地に大きな思想的勢力を持っていたオルフェウス教などの神秘主義思想を基盤としているということである。つまり、一つの思想というより、それは一つの宗教的時代風潮であったと考えられるのだ。それがディオニソス信仰やオルフェウス教などのような土着的・秘儀的宗教に密接したものであった以上、当時のギリシャ世界の人々に蔓延した集団的な情緒的傾向であったとも推察される。それほどにこの傾向は強力なものであったはずで、このような背景の中で「見ることへの忌諱」は意識的にも無意識的にも、人々に強い心理的効果を与えていたに違いないのである。

ちなみに、ピタゴラス学派によるこの宗教改革が「見る」ことの忌諱に繋がったという見方には、ピタゴラスによる「テオリア theoria」の再解釈の中にも一つの裏付けを見出せる。前述したように「定理 theorem」の語源である「テオーレオー」とは、もともと「よく見る」という意味であり、その類語であるテオリアも同様の直観的意味を持っていた。特にテオリアは「受難の神の情熱的な光景」(『宗教から哲学へ』二三九頁)というような宗教的啓示の意味合いが強かったのである。ピタゴラスはこの言葉の意味を改変し「不変の真理を冷静に観照する」という意味に再解釈した。この意味を持った「テオリア」が、後に英語の「理論 theory」のような学術的な意味の言葉に繋がっているわけである。

ギリシャ的明証性の根底にあるもの

前述したように、ギリシャ数学の発展の中で紀元前五世紀頃に明証性の〈コペルニクス的転回〉が起こった。つまり、それまでの「見よ!」という形の決済を用いていた証明のあり方が一変して「見る」ことを極力排除するようになり、それによって〈正しさ〉を確信する方法に大変革がもたらされたのである。我々が今まで行ってきた考察は、この変革がどのようにして、そしてなぜ起こったのかという問題に対して一つの重要な示唆を与えていると思われる。

その根底にはピタゴラス学派による宗教改革があり、そのさらなる奥地にはオルフェウス教における魂の二元論的世界観があった。ピタゴラス学派の人々にとって数学と音楽は純粋な調和に満ちあふれた天上世界とアクセスするための手段だったのであり、地上世界の不浄な事物に惑わされずに真実性を感得するためには「見る」ことを排除した〈正しさ〉の様式、つまりは〈祭儀〉による「様式化・儀式化された正しさ」を採用する必要があったのである。そして、その〈祭儀〉の方法として発達したのが、形式的な言葉で展開された論証的数学であったと考えられるわけだ。その際、もともと「数学」という学問があって、その方法論に変革が加えられたというよりは、宗教祭儀の動機から新たな数学が〈発明〉され、その方法も同時に確立したということの方があり得そうである。そして、「万物の本性は数である」という彼らの中心信条も、このような文脈で捉えると自然に理解できるものとなる。ここで言う「本性」とはもちろん彼岸的なものであり、その意味で、数こそが万物の真の姿であるというのが、彼らが天上界とのアクセス・秘儀を通じて確信するに到った結論なのである。「数は膨大な知識への鍵だった。その知識は人の魂を、不死というより高い次元にまで引き上げ、そこで魂は再び神聖なるものの列に伍すのだ」（『ピュタゴラスの音楽』九七頁）。「見ればわかる」という素朴な〈正しさ〉を超えて、〈信じる〉べき対象としての「様式化・儀式化された正しさ」にまで正しさの認識スタイルを引き上げること。これこそがピタゴラス学派の成し遂げたことだったのである。

以上を踏まえて多少極言するならば、ピタゴラス学派の人々にとって数学の論証的な証明とは、それこそ一つの〈祭儀〉に他ならなかったとも言えるだろう。それは彼らにとって神と直接触れ合うための方法であり、感覚的な手段では見出すことのできない真理を感受するための儀式であったというわけである。「儀式としての証明」というと、そこには様々な意味合いを見出すことができるが、まさに字義通りの意味で、それは一つの宗教儀式であったというわけだ。数学の証明、例えば『ユークリッド原論』に見られるような禁欲的で厳格で形式的な証明と同様に、宗教儀式にも形式化された厳格な作法がある。儀式の手順には決まった順序があり、それを間違えることは許されない。それは証明においても論証の流れには厳格な順序があるのと同様である。両者の間には、したがって、少なくともそれらを遂行する人たちの心理に極めて似たものがある。
それだけでなく、両者にはそれらを成立させている要素にも共通点が見出せるのである。実際、第2章の最後に述べた三要素「基盤・流れ・決済」のうち、最初の二つは儀式においても、それぞれ「信仰」や「祭儀」という形で共通している。すなわち、

・「基盤」——信仰、〈信じる〉という前提
・「流れ」——儀式の遂行過程、手順

というわけなのだ。そして、この類似をさらに推し進めるならば、この図式における「決済」には、例えば「通過」や「啓示」という形でもたらされるような、直観的・神秘的体験が対応するであろう。ピタゴラス派の「テオリア theoria」が、もともとは宗教的啓示を意味していたことが、ここでも示唆的である。

宗教儀式と演繹的論証というと、互いにずいぶんかけ離れたものに思えるかもしれない。そこには「信仰と理性」という、少なからず中世スコラ哲学の基層的問題意識とも共鳴するキリスト教神学的な対位法があるのであるが、しかし、このスコラ学的二分法の狭間に「神の存在証明」があったことを想起すれば、「儀式」と「論証」の間の距離は、そう大きなものではないことにも気付かされるのである。実際、我々は第6章でアンセルムスによる神の存在証明を検討することになるが、それと同時に、この手の議論のスタイルは現代数学における様々な基礎的命題の証

明にも見出せることが指摘されることになる。

いずれにしても、以上がギリシャ数学における明証性の〈コペルニクス的転回〉が起こった背景に対する一つの見方である。これはこれで一つの説明になり得ると思われるが、しかし、ここでまた、さらなる疑問が生じる。ギリシャ数学における明証性の概念の根底にピタゴラス学派という一つの宗教教団による宗教改革があったのだとすれば、それが実際に〈コペルニクス的転回〉を起こしたきっかけは何だったのであろうか？　そして、それがそれ以後何世紀にもわたって数学における証明の手段として最も大きな影響力をもたらしてきたのはなぜであろうか？

実際、確かにピタゴラス学派以後のギリシャの歴史の中で宗教教団としてのピタゴラス学派は、ピタゴラスの死後も何世紀かにわたってその影響力を保ち続けることになる。しかし、ユークリッドやアルキメデスといった数学者たちがピタゴラス教団の一員だったわけではない。宗教としてのピタゴラス学派は、むしろ歴史上数ある宗教教団の一つでしかないのだ。そんな中で、彼らが生み出したとされる数学やその方法だけがその後のギリシャ数学の発展の中で受容され、宗教を超えた普遍的な価値と影響力を獲得したのである。つまり、それは単に一つの宗教における真理というだけでなく、さらに広い意味での〈正しさ〉にアクセスする方法として認知され、磨きをかけられ、現在に到っているというわけだ。そのためには、その「正しさの様式」が後のギリシャ数学の発展の中で不可欠なものとなるに到ったきっかけがあるはずである。そのきっかけとは一体何だったのか？　次章ではこの問題について、より深く考えてみよう。

第5章
見えない正しさ

線分と数

日常生活において、数は価格や距離・重さといった何らかの〈量〉を表している。その際、数は「円」とか「メートル」とか「グラム」といった単位を伴って表されるのが常である。単位の付かない裸の〈数〉をあつかうことはあまりない。単位を取り去って数自体の関係を考えることは、もちろん算術や数学の仕事であるが、そうすることで数の抽象度は一気に増大する。

とはいえ、たとえ単位は付かなくても、数は常に何らかの量を表すものとして直観されることが多いだろう。その最も単純だと思われる直観的モデルは「線分」である。つまり、平面上に書かれた線分は、その長さとして常に何らかの数を表している。逆に、どんな数（実数）に対しても、それを長さとする線分がある。これが「数＝線分」という直観的モデルの内容である。

このような直観的モデルを、実際、我々はほとんど無意識のうちに了承しており、それに疑問

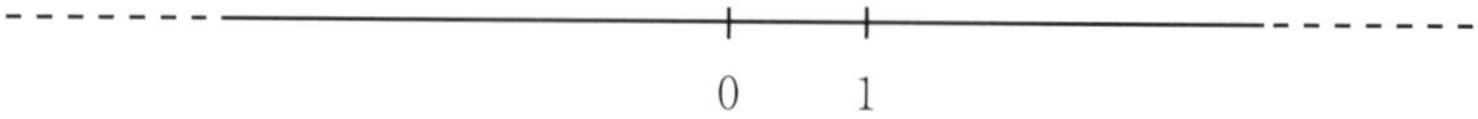

図9　数直線

を呈することはあまりない。この直観的モデルを体系化したものが、いわゆる「数直線」である。数直線とは単に図9のような一本の直線（右にも左にも無限に延長されていると解釈する）でしかない。ただし、この直線上の点と数（実数）との対応をつけるために、最初に「0」と「1」の場所が決められている。通常は図のように「1」は「0」の右側に書かれる。こうすると、実際すべての数の位置を決めることができる。例えば、「2」は0と1の間の距離と同じだけ1の右の位置に決まる。そこから同じ距離だけさらに右に行けば「3」の位置となる。このようにして、すべての自然数の場所が決まる。負の数、例えば「−1」は0と1の間の距離と同じだけ0の左に位置する。右が正の方向で左が負の方向というわけだ。こうすれば、すべての負の整数についてもその数直線上の位置が決まるわけである。

もちろん、数はこれだけではない。例えば$1/2$や$2/3$といった分数で表される数、いわゆる有理数がある。$1/2$をプロットするには、単に0と1の間の中点を考えればよい。つまり、0と1の間の線分を二つに等分するわけである。等分された長さを基準にして考えれば、これを何倍かすることですべての整数nに対して$n/2$という形の有理数の位置が決まる。$1/3$も同様で、この場合は0と1の間の線分を三つに等分すればよい。このようにして、実際、原理的にはすべての有理数に対する数直線上の点を決めることができる。

このように、数の連なりを数直線によって認識させるという直観的モデルは、数が線分の長さを表すという考え方に基づいている。もっとも、ここで数には長さの単位がついていないので、線分の長さというよりは、線分の長さの比と考えるほうが正確である。上で「1」の場所を任意に決めていたことを思い出してほしい。これによって0と1を端点とする一つの線分が決まる。つまり、「単位の長さ」が決まるのである。数直線上の任意の点は、それと0がなす線分と、最初に決めた単位線分の長さの比として決まる一つの数を表している。つまり、「数＝線分」という直観的モデルは、より正確に言うと「数＝線分比」というアイデアをその基礎としているわけだ。

数を線分（の比）として捉えるという考え方は、以上のような直観的に明瞭な数認識のモデルを提供する。〈数そのもの〉はそれだけでは非常に抽象的なものであり、捉えどころのないものだ。しかし、これを線分や線分の比として解釈することで、数や数同士の関係を可視化することができる。その意味で、数直線モデルやその根底にある「数＝線分」、あるいは「数＝線分比」という信条は、人間と数との関わりの中で極めて便利な考え方であると言える。

形相か質料か

実数の数直線モデルは、このように極めて便利なものであり、とても自然なものにも感じられる。実際、現代の我々にとっては線分が数を表すとか、数が数直線上の点と対応するなどといったことは、初等中等教育を通して植え付けられている事実でもあり、なにしろ直観的にも受け入れられやすい表現でもあるので、それこそ疑いようのない事実と認識されているであろう。しかし、このような数の表現モデルそのものが、歴史上のいかなる時点においても、また世界中のいかなる地域においても、共通の普遍的な方法であったというわけではない。もちろん、歴史上の様々な局面で数がどのように捉えられ、どのように可視化されていたかについては様々に微妙な側面があり、なかなか一概に断定することはできない。しかし、数や数の算術には汎文化的な普遍性が仮にあるとしても、その捉え方や表現のあり方には地域性や歴史性が反映されるのが常である。

もっとも、「数＝線分」と書いたが、上述のモデルが本当に数と線分を〈同じもの〉としてあつかっているわけではないのには若干注意を要する。〈数〉とはそれ自体が独立した概念であって、それが「長さ」という別個の概念による解釈を通して線分と対応している。数直線モデルはこのようなことを主張しているに過ぎない。これは言わば〈数〉と〈線分〉という本来は互いに全く異質な概念同士の間に一つの対応関係を与えているとなのであり、一つの表現を与えているだけのことである。このようなことにさえ注意すれば、数直線モデルが数の認識のための極めて効果的で優秀な可視化モデルを与えていることは、現代の我々の目には疑いようのないことに見える。

しかし、このような数認識の立場がそのまま、例えば古代ギリシャ数学の担い手たちの数認識にも当てはまるとは限らない。古代ギリシャの人々は実質的に分数をあつかっていたと考えることも可能であるが、しかし、彼らの分数のとりあつかいにおいては、分数を一つの独立した数としてというよりは、二つの自然数の比という形で捉えられることが多かった。その意味では、彼らにとって一つ一つが独立した意味を持つ〈数〉とは自然数だけだったとも言い得る。したがって、自然数も分数もすべて同等の立場であつかう「数直線モデル」の考え方は、そのままでは古代ギリシャの人々の数認識にはあてはまらない可能性がある。

さらに、もっと微妙な問題もある。前章にも出てきたピタゴラス学派が彼らの中心信条である「万物の本性は数である」という信念を述べるとき、彼らが数を万物の〈形相的〉本性として捉えているのか、それとも〈質料的〉本性として捉えているのかが甚だ不明瞭である。もし彼らが数を万物の形相的本性としているのであれば、これは万物の原理が数によって記述できるということを主張していることになり、現代の我々の見方に近い。しかし、数が万物の質料的本性というのであれば状況は一変する。これはすなわち、万物は数からできあがっている、あるいは万物の構成要素は数であるということを意味していることになる。物質を構成する基本材料が数なのだというわけであるから、現代的な数認識のあり方からはかなりかけ離れたものになるわけだ。この世界観にしたがうならば、先に我々が正確ではないとした「数＝線分」、つまり数とは線分そのもののことであるという等式が文字通り成り立つということにもなりかねない。現代の我々からすれば、このような数認識のあり方は理解に苦しむとしか言えないが、このようなところにも数の捉え方の変遷を正しく理解することの困難さが現れているのである。

数と量

数と線分との対応は、歴史的にはかくも非自明なものであった。実際、歴史的な数認識の多様性は、「長さ」が数多ある幾何学的量の一つに過ぎないということからも推して知ることができる。古代ギリシャ数学の伝統の上に独自の数学を発展させようとしていた十七世紀から十八世紀にかけての近代西洋数学においても、数学は〈量〉の学問であり、数はこれら量の間の比として現れるという見方が一般的であった。ここで問題にされる〈量〉とは、長さ・面積・体積などの幾何的量や、速度・質量などの物理的量である。これらの量にはそれぞれ固有の次元があり、異なる次元に属する量同士は気安くたしたりかけたりすることはできない。のみならず、同じ次元の量同士でも、例えば線分と線分をかけると長方形という面ができるように、かけ算によって異なる次元の量になる。aが線分量を表すとすれば、その2乗は面積を表し、最初のaとは異なる次元の量となる。したがって、彼らにとっては、例えばa^2+aなどという計算は気安くできないものになる。数はあくまで量の比として現れるものだったので、例えば$a=2b$のような同一次元の量の間の比例式は意味のあるものであったが、線分などの量が数そのものを表すという認識ではなかったのだ。

すなわち、〈数〉とは違い、〈量〉はかけ算や割り算などの演算で閉じた体系ではないのである。したがって、数学が幾何学量や物理量などの具体的な〈量〉を相手にする学問にとどまる以上、数学固有の潜在世界を開拓できるような広がりを持つ学問にまで成長することは難しかった。a

もa^2も同一の次元の数と見なせるようにするために、デカルト（一五九六〜一六五〇）は、1という単位を（任意に）決めれば、$ab=c$のような左辺と右辺で次元の合わない等式も、$ab=1\cdot c$として適宜1を補うことで同次性を留保できるとした。これは少なくとも見かけ上は現代的な数認識に近い結果を導き、より柔軟な代数算術へと向かう画期的なアイデアであったが、量と数との間の心理的乖離はその後も長い間根強く残ったのである。これは特に、様々な数学的現象を数値や未知数によって自由に算術化するという発想を阻害し、ひいてはギリシャ・西洋数学において柔軟な代数学の発展を遅らせる遠因ともなった。

これに対して、イスラムやインドの数学は、古くからたし算もかけ算も自由に計算できる柔軟な算術を持っていたことが知られている。実際、中国やイスラム・インドなどの東洋数学においては（第3章で見た和算がそうであったように）「計算」が正しさの認識における三要素（第2章参照）の中の「流れ」を中心的に担っていた。その意味では、線分などの幾何学量と数との間の関係にこれほどまでに神経質であったのは、古代ギリシャ数学のもう一つの特徴であったようにも思われるのである。

実際、これと関連して興味深い事実がある。それは前章で紹介した『ユークリッド原論』においては、長さや角度といった幾何学的な量の関係からほとんど徹底的に〈数〉が排除されているという事実である。前章で『ユークリッド原論』第一巻命題2を紹介したとき、その主張は「与えられた点において与えられた線分を置くこと」であったことに注意してほしい。この命題の意味を、前章では「与えられた点Aと、これとは無関係に線分BGが与えられたとき、Aを始点としてBGと同じ長さの線分ALを引くこと」と解釈した。しかし、原文では「長さ」という言葉はどこにも出てこない。原文から素直に読み取れる内容は「BGと同じ長さの線分を与える」ということではなく、「BGと同じ線分を与える」ということでしかない。つまり、線分と線分を比べる上で『ユークリッド原論』は（数で記述される）長さの概念を経由せず、両者を直接比べるという立場をとっているのである。

すなわち、『ユークリッド原論』においては、線分と長さの対応を極力排除して、線分同士でできることは線分だけで直接議論しようというはっきりとした意図が見て取れるのである。そして、実はそこには重要な理由があると考えられるのだ。すなわち、ギリシャの幾何学者たちにとって、線分と数の対応は少しも簡単で自明なものではなかったのである。この章で述べるように、そこには彼らを大いに悩ませる問題があったのだ。

弦の長さの比

これとは対照的に、『ユークリッド原論』より数百年前のピタゴラス学派は、線分や線分同士の比と数との間に極めて密接な関連を見出していた。これは『ユークリッド原論』の頃のギリシャ数学が「数＝線分」というモデルをできる限り排除しているように見えることと、鮮やかな対照をなしている。つまり、ここにもピタゴラスの頃（紀元前六世紀頃）から『ユークリッド原論』成立の頃（紀元前三世紀頃）までの数百年の間に、かなりはっきりとした断絶が見出せるのだ。前章で述べた明証性の〈コペルニクス的転回〉とほぼ同じ時節に、数の基本的な認識のあり方にも大きな変革があったということになるわけである。

ピタゴラス学派が素朴な「数＝線分」モデルを用いていたという事実は、彼らが数を万物の質料的本性に近いものとして捉えていたことだけでなく、弦の長さの比と音階との関係に関する彼らの発見の中にも明らかに見出すことができる。

一本のピンと張られた弦をはじくと、弦の長さに応じた音程の音が鳴る。仮にこれが「ド」の音だったしよう。弦の長さを半分にすると、ちょうど一オクターブ上の「ド」が鳴るし、三分の一にすれば一オクターブと五度上の音「ソ」になる。四分の一ではさらに四度上の音「ド」が鳴る。このように、弦の長さの特定の比によって決まった音程の音が得られるのだ。これらの音を組み合わせて様々に美しい音階を作ることができるわけだが、その背後には以上のような単純な自然数の組み合わせからできる「長さの比」が存在しているというわけだ。これがピタゴラス学派による有名な弦の長さの比と音階に関する発見である。数と数の比のような彼岸的（抽象的）な事物が、音程という人間の感覚で知覚できる次元のものに結びついている。前章で述べたように、ピタゴラス学派はオルフェウス教の厳格な天地二元論を修正し、〈調和〉による絆を通じて地上界の人間も天上の世界にアクセスできるとした。その一つの極めて具体的な顕現が、ここに見出されるというわけだ。彼らがこの発見をことさらに重要視したのも、それが数学や音楽の研究を通して天空の調和を聴きだせるという、彼らの教義を見事に体現しているからなのであった。

ここで弦という線分の長さの比が問題となっていることが注意を惹く。先にも述べたように、分数を一つの独立した数と見なしていなかった彼らにとって、二つの〈線分＝自然数〉の比こそが〈数〉のすべてであった。しかるにその彼らにとって、弦の長さの比と音階の関係から、彼らの中心信条である「万物の本性は数である」までの道のりはそれほど遠くなかったのかもしれない。この世のすべての物は、その原理ないしは材料として二つの〈線分＝自然数〉の比から成っており、そのことを人間は数学や音楽といった知的活動を通じて感得することができる。これこそが「万物の本性は数である」が主張する中心的内容だと思われるからである。

図10　テトラクテュス

弦の比と音階の関係についての重要な発見をピタゴラス学派がいかに重要視したかは、彼らが図10のような図形、いわゆる「テトラクテュス」を神聖視したことにも現れている。これは10個の点からなる正三角形であり、ことにその対称性が目を惹くが、彼らが最も重視したのはそれが上段から1、2、3、4個の点でできていることにあった。これらの数は前述の音程を与える比に現れた自然数と同じである。ピタゴラス学派は宣誓のとき「我々の魂にテトラクテュスを与える人にかけて」と述べたということであるから、この図形を非常に大切にしていたことがわかる。また、このように数（＝点の個数）を組み合わせることで様々な図形が構成され、それらは人間の感覚のレベルでもその形の美しさを感得できるということにも、彼らは「万物の本性は数である」という信条の裏付けを見たのであった。

対角線の長さ

今まで述べてきたことをまとめると、次のようになる。ピタゴラス学派はその宗教信条から、数学によって天上の調和を感得できるものと考えたが、この考えを推し進めることによって、天上界における真の万物はすべて数によって成り立っているという結論に達した。ここに述べられている〈数〉とは、弦の比に代表されるような〈線分比〉であり、これは数量的には二つの自然数の比を意味している。これはまた、現代的な数認識におけるような、数直線上に一律に順序よく並べられた数という認識のあり方とは微妙に異なるものであることも前述した通りである。しかし、前述のように、その後の古代ギリシャ数学においては、線分と数との間には概念上の大きな断絶が生じた。問題は、その原因は何だったのかということであった。

当時の人々による数の捉え方とは異なる様式で彼らの数学を解釈することは、歴史的見地からすればもちろん危険なことであるが、ここでは危険を承知で敢えて現代的解釈をしてみよう。それによれば、ピタゴラス学派の数とは自然数の比として表される数なのであり、これが数のすべてであった。つまり、彼らの数とは（正の）有理数だけだったのである。このことは、宇宙の調和がその背後に単純な自然数比で表される美しい論理的構造を秘めており、これを地上の不浄な魂も知性を研ぎすますことで感得することができる、とした彼らの宗教理念とも自然に整合する。

したがって、有理数ではない数、つまり二つの自然数の比によっては決して表現することのできない数を彼らが発見したとき、彼らの驚きは大変なものであっただろうと想像される。彼らは自然界に極めて自然な形で現れる二つの線分の組で、その比がいかなる自然数の比にも等しくないものを発見してしまったのである。彼らの宗教信条に照らして推測してみるならば、天上の神

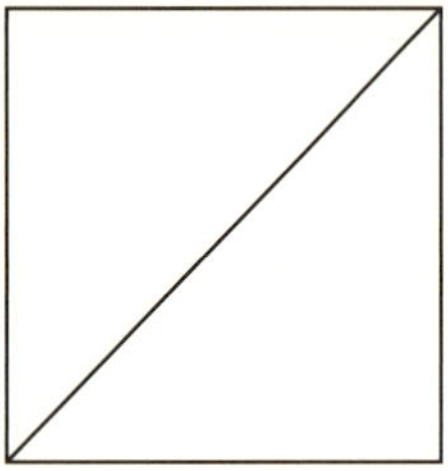

図11　正方形の対角線

的世界からのメッセージの中に、彼らの考えていた「調和」では解読できないものがあったということにもなろう。それに、自然数比では決して表せない〈数〉ともなれば、それはあまり美しいものではないということにもなりかねない。とすれば、この事実がもたらす破壊的インパクトは非常に大きかったものと推察される。

彼らの発見の数学的内容は次の通りである。図11のような正方形を考える。第2章のソクラテスと僕童の対話で見たように、この正方形の面積を2倍するには、図のような対角線を考え、これを一辺とする正方形を考えればよい。面積が2倍されるということは、一辺の比は$\sqrt{2}$倍されることになる。問題は、このとき対角線と最初の正方形の一辺の比が自然数比には決してならないことにある。長さによる数量関係を用いて言い換えれば次のようになる。例えば、図11において正方形の一辺の長さが1であるとしよう。このとき、対角線の長さは$\sqrt{2}$である。問題はこの「$\sqrt{2}$」という数が有理数ではないことにある。つまり、正方形の対角線という形で明瞭に存在している線分が、自然数比では決して書けないこと、言い換えればピタゴラス学派が〈数〉として認知していたものではないということなのだ。

無理数

あくまでも現代的な言葉による解釈であるが、ピタゴラス学派の人々が発見したことは、$\sqrt{2}$

という〈数〉が有理数ではないこと、つまり「無理数」であることに他ならなかった。ここで強調しておきたいのは、このようにある数が有理数であるか無理数であるかという判定は、決して「見る」ことによってはなし得ないということである。

先に数直線について説明したときに、最初に0と1の位置を決めて単位の長さを確定してしまえば、後は自動的にすべての有理数の位置が数直線上に決まると述べた。そこでの構成を今一度振り返るならば、これは次のように言い換えることも可能である。$\frac{1}{2}$や$\frac{3}{2}$のような、分母が2の有理数の位置を決めようと思ったら、この最初に決めた単位の長さを2等分して、これを新たな単位として数をプロットしていけばよい。$\frac{1}{3}$や$\frac{2}{3}$のように分母が3である場合でも、単位を3等分すれば全く同様である。一般にどんな正の分数も自然数の比$\frac{p}{q}$で書けるのであるから、0と1で決まる最初の単位線分をq等分して、これをp倍した場所、つまり0のすぐ右隣りから数えてp番目の場所を考えればよい。以上の考え方の原理は、つまり、分母に現れる自然数の分だけ単位の長さを等分して目盛りを細かくしていけば、どんな有理数でも数直線上にプロットされるということにある。

これは逆に言えば、どこまで目盛りを細かくしていっても、その目盛りで測られる比が数直線上に必ず存在しているということになる。目盛りはいくらでも細かくできる。そして一度目盛りが付けられると、そのすべての目盛りに対応した有理数が存在するというわけだ。このことから直観的に判断すれば、数直線上にはいくらでも細かく有理数が充填される様子を思い描くことができるだろう。その様子は、例えば次のような簡単な洞察からも思い知ることができる。数直線上で二つの有理数を考える。すると、その間には無限に多くの有理数がある。実際、二つの有理数の分母に現れるより大きな分母を考えることで、この二つの有理数の間の距離よりも細かい目盛りが付けられるからである。これは次のように言い換えてもよい。つまり、数直線上ではある有理数の〈隣りの〉あるいはその〈直前・直後の〉有理数というものは存在しない。整数だけなら事情は全く異なっている。例えば1の右隣りの整数は2に他ならない。実際、1と2の間にはもはや整数は存在しないからである。要するに、整数は飛び飛びにしか存在しない。もう少し専門的な用語を使えば、それは「離散的」に分布しているのである。しかし、同様のことは有理数については成り立たない。

このように、数直線上には有理数が限りなく細かく充満している。その様子を素朴に考えるならば、数直線は有理数で〈尽くされている〉ようにも思われるだろう。どんな有理数にも数直線上の〈隣り〉がないのだとすれば、そもそも有理数だけで数直線が埋め尽くされていると素朴に思われるのも無理はない。つまり、有理数は数直線上に「連続的」に分布しているように見えるというわけだ。さもなければ有理数全体で充塡された中にも〈隙間〉があるということになる。これは感覚的にはちょっと信じられないだろう。実際、前述したように、ピタゴラス学派が「万物の本性は数である」と言ったとき、その数とは実質上有理数に限るのであったから、少なくとも初期の彼らの認識もこのようなものであったと推測されるのである。

しかし、実際には、そのような〈隙間〉が数直線上にはたくさんあるのだ。有理数だけでは実はスカスカなのである。ピタゴラス学派の発見は、このように我々の直観を完全に裏切る内容を示している。これは直観的に「見る」ことでは決して判定することができない。有理数で連続に埋め尽くされたように見える数直線に隙間があるかどうかを、我々は決して「見る」ことによって判定することはできないのである。実際、どんなに数直線の一部分を拡大しても、その拡大した倍率に応じて目盛りを細かく（つまり分母を大きく）すれば、状況は拡大する前と全く同じである。どんなに倍率を上げても全く同じであり、状況は少しも改善されない。つまり実際上も原理的にも、人間の視覚的直観が、有理数全体の中に本当に隙間があるのか否かを判断することは決してできないのである。

同様に、$\sqrt{2}$という数が有理数であるか否かを、いかに精神の目と言えども人間の視覚的直観が判定することはできない。一辺の長さが1の正方形の対角線の長さを数直線にプロットした場合、これは有理数目盛りのどれかに一致するのか、それともどの有理数目盛りにも一致しないのか。これがこの場合の判定である。しかし、目盛りが限りなく細かく付けられていて、どんなに拡大してもそれらが数直線を埋め尽くしているように見える以上、これを直観的に見極めることは絶対に不可能なのである。

ピタゴラスの定理

ところで、正方形の対角線という線分にピタゴラス学派が注目した理由は、かなりはっきりしている。この長さが一辺の長さの$\sqrt{2}$倍であるというのは、まさに有名な「ピタゴラスの定理」からの帰結でもあるからだ。

周知の通り、ピタゴラスの定理、他の言い方では「三平方の定理」は図12のような一般の直角三角形において、その三辺の長さの間に、

$$a^2+b^2=c^2$$

という関係があることを主張した定理である。有名な定理であるから、この定理との連想で「ピタゴラス」の名前を憶えている人も多いだろう。

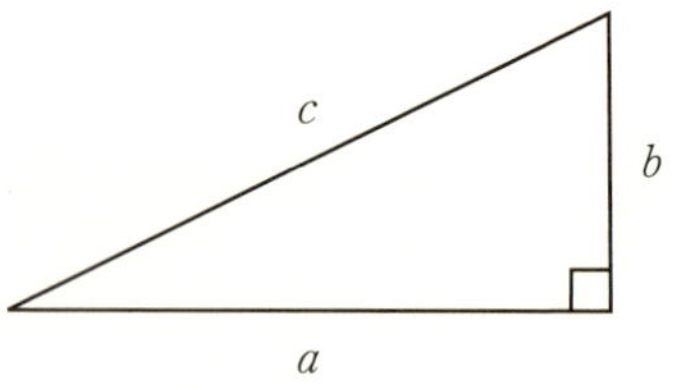

図12　三平方の定理

もっとも、この定理がピタゴラスの名前を冠して伝えられている理由については、様々な説があり多くの論議を呼んでいる。実際、史実から言って、ピタゴラスやピタゴラス学派がこの定理の人類最初の発見者でなかったことは確実視されている。彼らよりもっと早く、この定理は発見されていたらしい。もちろん「発見」と言っても、様々なレベルや段階があるであろう。本当に一般的な定理として発見されていたのか？　つまり、その普遍性の認識はあったのか？　証明は？　証明はなかったにしても、その普遍的〈正しさ〉に対する認識の根拠はあったのか？

三辺の長さの比が(3, 4, 5)である直角三角形は古代エジプト文明における建築・測量の担い手、いわゆる縄張り師（ハルペドナプタイ）たちにも知られていた。しかし、これをもって彼らが三

平方の定理を知っていたとは言えない。一般的な直角三角形に対して普遍的に成立する、という認識にはまだ遠いからだ。古代バビロニアの粘土板（プリンプトン322）には、(3, 4, 5) より他にも (5, 12, 13) などの「三つ組」が多く記載されており、その中にはとても当てずっぽうとは思えないものもある。よって、古代バビロニアでは三平方の定理は、少なくとも事実としては知られていたらしい。知られている限りにおいて、一般的な定理としての三平方の定理が書物上に明確に述べられている最初のものは、第8章でも後述する古代インドの文献『シュルバスートラ（縄の経）』であり、その成立年代はピタゴラスの頃とほぼ一致する紀元前六世紀である。ファン・デル・ヴェルデンは三平方の定理の発見者はヒンドゥー教の僧侶階級だったのではないかという説を述べている（『ファン・デル・ヴェルデン　古代文明の数学』四八頁）。ピタゴラスやピタゴラス学派の人々がこの定理を、これら従来の知識とは独立に発見したという可能性は否定できないにしても、それを立証する資料はない。

というわけで、この定理が「ピタゴラスの定理」と呼ばれるべき歴史的根拠はあまりないのが実情なのであるが、しかし、ピタゴラス学派がこの定理をすべての直角三角形に関する一般的事実として正しく理解し、そこから様々の方向に数学を発展させようとしていたことは間違いないと考えられている。そして、その一つが上述の「$\sqrt{2}$ の無理性」の発見へ到る方向というわけである。ここでは図12の直角三角形において a と b が両方とも1に等しい場合を考えている。三平方の定理によれば、この場合 $c^2=2$ ということになるので、斜辺の長さ c は $\sqrt{2}$ に等しいというわけだ。ピタゴラス学派はこの数が有理数ではないことを発見したのであるが、実はほとんどの直角三角形においても同様のことが見出されるのである。つまり、図12の直角三角形において、たとえaとbが有理数であっても斜辺cはほとんどの場合有理数とはならない。これは直角三角形の三辺からなる三つ組(a, b, c)で、そのすべての数が自然数であるもの、いわゆる「ピタゴラスの三つ組」を分類してみるとよくわかる。例えば、$(3, 4, 5)$や$(5, 12, 13)$、$(8, 15, 17)$、$(7, 24, 25)$などがその例であるが、実はこのような三つ組は無限に存在する。無限に存在はするが、そこには一つの公式で書くことのできる関係式がある。ほとんどの場合の(a, b, c)はこの公式を満たさないので、ピタゴラスの三つ組とはならないことがわかるのである。

通約不可能性

正方形の一辺と対角線という二つの線分の比は、決して自然数と自然数の比にはならない。このように単純な図形から目にも鮮やかに得られる二つの線分の比が、実は有理数ではなかった。彼らの考える〈数〉のすべてでは説明できない、言わば〈見えない数〉なのであった。この事実、現代の言葉に翻訳すれば$\sqrt{2}$という数が有理数ではないという事実は、いわゆる「通約不可能性」と呼ばれ、その発見は数学史上でも極めて重要な事件とされている。これがピタゴラス学派によってなされたことは史実としても恐らく本当のことであったと考えられており、その年代は遅くとも紀元前五世紀中頃とされている。ピタゴラスの存命中のことであったという説もあるし、ピタゴラス自身によってではなく、その死後にピタゴラス学派の学徒のだれかによって見出されたのだとする説もある。

通約不可能性の発見の重要性やその数学史上の意義には様々なものがあるが、ここで我々が注目したいことは、先にも述べたように、この事件が、恐らく人類史上初めて直観的には絶対に認識できない正しさの領域に、人間の数認識が本格的に踏み込んだことである。

$\sqrt{2}$が有理数ではないというこの発見以降、有理数ではない数、つまり通約不可能な線分比は数多く見つかった。素朴な意味で「見る」ということでは絶対に到達することのできない〈正しさ〉の世界がある。しかも、それは例外的で特殊な事象などではなく、実はかなり〈ありふれた〉現象であるらしい。その意味で通約不可能性の発見は人間の〈数〉についての基本的な認識を改めさせるだけのインパクトがあったものと思われる。

「見よ！」という認識では決して到達できないのであれば、ピタゴラス学派の人々はどのようにして$\sqrt{2}$が有理数ではないという結果を得たのであろうか？　直観では決して認識できないのであれば、直観とは全く異なる認識形態が必要となる。そしてそれこそ彼らが発展させようとしていた「演繹的証明」の方法であった。彼らにとって主に宗教的動機から、地上世界の不浄な事物に惑わされずに純粋な調和に満ちあふれた天上世界とアクセスするために「見る」ことを極力排除した議論の形態、つまり形式的言語という基盤の上に展開された論証的数学の方法が重要であったことを思い出そう。言わば、彼らの〈祭儀〉とも喩えられるその儀式的方法によって、彼らは「通約不可能性」という新たな境地に到ったのである。

では、その具体的な方法はどのようなものであったか？　大変興味深いことに、彼らの証明は第1章で詳説した「背理法」で与えられるのである。

背理法による証明

第1章で述べたように、背理法とは証明したい結論を最初に否定することから出発して、そこから何らかの矛盾を導くという形の証明法である。矛盾が導かれることで、出発点であった「結論の否定」が否定されることになり、よって〈否定の否定は肯定〉という形で結論が証明されるというわけであった。つまり、本来、

〈仮定〉→〈推論〉→〈結論〉

という図式で示される論理の過程を、

〈結論の否定〉→〈推論〉→〈仮定の否定〉

という形で遂行するというものであり、仮定と結論が登場するタイミングが逆転しているという意味で、言わば時系列的な流れを逆流させたような流れである。そしてそのため、背理法という証明においては基本的にノープランで出発して仮定を後出しできる。つまり、何を議論の仮定とするかを確定しないままに、とりあえず出発することができるという顕著な性質を持っていることも前述した通りである。

仮定を後出しできるのであるから、今の場合も最初の論理的出発点である仮定について述べる必要はない。しかし、多少興味のあることではあるし、後で証明を読む上での心理的なハードルを下げることにもなるので、ここでその仮定を最初に述べておこう。実は「$\sqrt{2}$が有理数でない（無理数である）」ことの背理法による証明によって最後に否定されるべき仮定とは、

すべての自然数は偶数と奇数に二分される

というものである。いかなる自然数も偶数か奇数、つまり2で割り切れるか割り切れないかのどちらかである。のみならず、偶数であるか奇数であるかは排他的な条件であり、必ずどちらか一方のみが成立する。偶数でもあり奇数でもあるという自然数は存在しない。このことは極めて明らかなことであろう。

以上を踏まえて、我々の目的であった「$\sqrt{2}$は有理数でない」という命題の証明の大枠を述べよう。証明は背理法の常套手段にしたがって、始めに、

$\sqrt{2}$は有理数である

という仮定から出発する。ここから様々な議論や計算、第1章の言葉では〈虚構の推論〉を展開して、最終的には「すべての自然数は偶数と奇数に二分される」という命題に矛盾する結果を導

く。今の場合は奇数でもあり偶数でもある自然数を作ってしまうという形で証明の幕が閉じるのである。

実際に「$\sqrt{2}$は有理数である」という背理法の仮定から、どのような虚構の推論が展開されるのであろうか。もし$\sqrt{2}$が有理数なのであれば、これは自然数と自然数の比で書けるはずである。つまり、pとqを自然数として分数 p/q で表すことができる。

ここで、数についての最初の洞察を行わなければならない。今、pとqの両方が偶数であったとする。このとき、分数 p/q の分母と分子はそれぞれ2で割れる。こうして得られた新しい分子と分母で分数を考えても、分数が表す有理数は変わらない。表す数は変わらないが、その表示に現れる分子pや分母qは、それぞれ半分になったので少しだけ簡単になった。このような操作を分数の「約分」というのは周知であろう。分子と分母に共通の約数がある場合、これらを同時にこの約数で割ることで新しい分数を作ることができるが、そうして得られた分数は、数としては元の分数と同じである。よって、分子と分母に共通する約数があるなら、それでできるだけ割ってしまうことで、もはや分子と分母に共通の約数がない状態にまで持って行くことできる。このような分数、つまりもうそれ以上約分することはできない分数は一般に「既約分数」と呼ばれている。

我々の議論にも、以上の事実を応用することができる。すなわち、$\sqrt{2}$を表す分数 p/q を約分することで、p/q は既約分数であるというところから出発してよい。p/q が既約分数であるならば、少なくともpとqの両方ともが偶数であるということはない。両方とも奇数であるか、あるいはpとqの偶奇は一致しない。

さて、$\sqrt{2}$が既約分数p/qで書けるというところまで来た。つまり、等式、

$$\sqrt{2}=\frac{p}{q}$$

が成立する。これを変形して、

$$q\sqrt{2}=p$$

を得るが、この両辺を2乗することで

$$2q^2=p^2$$

が得られる。この式の左辺の$2q^2$は偶数である（2の倍数である）から、右辺のp^2も偶数ということになる。

ここで自然数の演算規則について以下のことを思い出そう。

（偶数）×（偶数）＝（偶数）

（偶数）×（奇数）＝（偶数）

（奇数）×（奇数）＝（奇数）

これより、pは偶数でなければならないということがわかる。実際、pが奇数であるならば、その2乗は（奇数）×（奇数）なので奇数となってしまうからである。先にも述べたように$\frac{p}{q}$は既約分数であり、pは偶数なのであったから、これより、

qは奇数である

ということがわかる。この結果は後で重要になるので憶えておいてほしい。

さて、今説明したようにpは偶数なのであったから、これは2で割り切れる。pを2で割った商をrとするなら、

$$p=2r$$

という等式が成り立つ。これを上に現れた「$2q^2=p^2$」に代入することで、

$$2q^2=4r^2$$

となるが、この両辺を2で割って、

$$q^2=2r^2$$

が得られる。この式の右辺 $2r^2$ は偶数であるから、左辺 q^2 も偶数である。しかるに、q はその2乗が偶数なのであるから、先に述べたのと同じ理由で、

q は偶数である

ということになる。

実はここですでに矛盾が起こっている。先に「重要になるので憶えておいてほしい」と述べたところで「q は奇数である」という結果が得られていた。それにもかかわらず、ここの議論では最後に「q は偶数である」という結果も得られてしまっているのである。これは奇数でもあり偶数でもある自然数が存在してしまっていることを意味しており、最初に述べた「すべての自然数は偶数と奇数に二分される」という事実に反している。よって矛盾となり、背理法によって出発点であった「$\sqrt{2}$ は有理数である」という命題が否定され、「$\sqrt{2}$ は有理数でない」ことが証明されたことになる。

見えない数への恐怖

正方形の一辺と対角線という二つの線分の比は通約不可能である、という事実の発見は、その後のギリシャ数学における数の考え方に大きく影響したことは疑い得ない。そのインパクトの大きさを過小評価することも可能であるが、恐らくは少なからず影響があったものと思われる。少なくとも、この発見によって後代のギリシャ人たちは数のとりあつかいに非常に慎重になった。このあたりの事情は、現代の我々のように素朴な「数直線モデル」を信じてしまっている者にはなかなか理解できないかもしれない。我々が実数の数直線モデルを素朴に信じる背景には、多くの場合、そもそも実数とは何かという、本来極めて非自明な問いに対する警戒感の欠如がある。言わば、もともと〈実数〉という概念が独立に存在しており、その一つの重要な性質として数直線モデルのアイデアが得られるという無邪気な——本書の第10章で用いる言葉を使えば「前科学的」な——信念である。

しかし、ギリシャ数学の担い手たちにとって、問題はそう単純ではなかった。ピタゴラス学派にとっては〈数〉とは自然数であり、自然数の比として表される有理数であった。この信条の背景には彼ら独自の宗教的調和観があり、その調和を奏でる天空の音楽は単純な自然数比で理解できるはずだという信念があったからだ。さらに言えば、プラトンやアリストテレス以前の素朴な実在論を信じていた彼らにとっては、数こそがその宇宙的調和の本体であり万物の構成要素なのであった。しかるに、彼らの〈数〉では説明できない線分が現れたとき、彼らにとっての数認識の基盤は大いに揺らいだはずである。少なくとも、〈数＝線分比〉という認識には慎重にならざるを得なかったに違いない。そして、前述したように『ユークリッド原論』が線分と線分を比べる上で、数としての長さの概念を経由しないで、直接に比べようとしている理由もここにあると考えられるわけである。

　これにはまた違った見方もできる。通約不可能性が彼らの〈数〉では捉えられない線分の存在を示している以上、〈線分〉の方が数よりも正しく一般的な対象と目されることにもなる。その見方にしたがうならば、線分と線分を直接に「長さ」を経由せずにあつかうことこそが最も安全なやり方なのであって、わざわざ数を経由することは（通約不可能性のような）予期せぬ困難を引き起こすことにもなりかねない危険な考え方ということになるのだ。この思想、つまり、数の世界には見えない落とし穴があるという一種の恐怖感がエスカレートすると、自然数のような普通の数をあつかう場合も、これを徹底的に線分の言葉で運用するのが、より由緒正しい方法だという考え方にも発展するだろう。

　実際、この点についてギリシャ数学はかなり意図的である。『ユークリッド原論』第九巻では数論があつかわれている。そこでは、例えば、偶数と偶数の和はまた偶数であるといった、初等整数論の基礎的な事項がとりあつかわれているわけだが、このような命題の議論を展開するときでも『ユークリッド原論』では数ではなく線分を議論の対象としているのである。「〈線分〉ＡＢを偶数とする」といった言明は『ユークリッド原論』の中では頻繁に現れるが、現代の我々にとっては非常に奇異な感じを受ける。

この最後の点については、興味深い見解がある。自然数をこのように線分を用いて表現するのは、線分を任意の偶数や奇数を表す〈任意定数〉として使っているからだという考え方である。サボーはまさにこのような意見を表明している(『数学のあけぼの』二七頁)が、それによると、線分の任意定数的運用はギリシャ数学の「反図解的傾向」、つまり「見る」ことを排除しようとする傾向の典型的な現れの一つでもある。実際、先にも注意したように、自然数は1という単位をもつ離散的な数の体系であるから、これはどこまでも分割できる対象ではない。1を分割してしまうと、すでに自然数ではなくなってしまう。他方、線分は直観的に連続な対象であるから、どこまでも分割することができる。連続的対象である線分はいつでも分割可能なのであるから、それを用いて偶数や奇数を表すというのは、少なくとも直観的にはナンセンスな話である。「偶数」であるとか「奇数」であるとか、つまり2で割れる(二つの等しい部分に分割可能である)か否かの区別は、線分のような連続的対象には意味をなさない。つまり、直観的には自然数をわざわざ線分で代表させる意味はほとんどないのである。それを敢えて線分で代表させるところに『ユークリッド原論』や、それが代表する最盛期のギリシャ数学における方法論上のはっきりとした意図が垣間見えるというわけだ。

いずれにしても、通約不可能性の発見が、その後のギリシャ数学における〈数〉のとりあつかいを慎重にさせたのは間違いない。後述するように、その証拠は他にもいろいろある。そしてその背景にあるのは、有理数でない数、つまり無理数に対するギリシャ人たちの心理的恐怖感である。無理数という、彼らのそもそもの数認識では到達不可能な数の世界が現実に広がっている以上、数のとりあつかいには極めて慎重にならざるを得なかった。いい加減なことをやっていると間違いをしでかすことになりかねない。このような心理的警戒感が、恐らく紀元前五世紀頃からのギリシャ数学には蔓延し始めていたのではないだろうか。そしてそのために、彼らは「見る」ことによる直観的な議論で物事を考えるよりも、ピタゴラス学派がやったように「見る」ことをできるだけ排除して演繹的に、そして儀式的に議論を進めるほうが〈正しさ〉を留保するためのより確実な方法と感じたのだ、と推察されるのである。

前章で論じたように、ギリシャ数学においては恐らく紀元前五世紀頃に明証性の〈コペルニクス的転回〉が起こった。その背景にはピタゴラス学派の、主に宗教的動機による「見える」世界への忌諱があり、天上の宇宙的ハーモニーを聴くために彼らが開発した演繹的推論という〈祭儀〉がある。しかし、前章の終わりにも述べたように、それがその後の数学の方法論の主流となるには、これだけでは十分ではなかったはずである。すなわち、そのような議論の形態がその後のギリシャ数学の発展の中で不可欠とならざるを得ない何らかの事情があったはずなのだ。そして、その事情とはまさしく「通約不可能性の発見」であった。この事件が立証してしまったことは、従来の図解的認識スタイルが決して到達できない〈正しさ〉の深淵を明らかにするだけの潜在能力を、ピタゴラス学派の発明した方法はその内に秘めている、ということだったのである。それだからこそ、上述のような危険極まりない〈数〉と〈線分〉の不一致という現実に直面しても、決して間違うことなく〈正しい〉議論ができる優れた方法として、彼らの方法が次第に受け入れられることになったのであろう。そしてそれが数百年の歴史の中で洗練され鍛え上げられて、

『ユークリッド原論』におけるような高度に儀式化された、形式的な演繹的推論の形へと進化していったと考えられるのである。

計算と論証

「通約不可能性の発見」が古代ギリシャ数学にもたらした破壊的インパクトは、おそらくこれだけにはとどまらない。〈数〉に「取扱注意」のラベルを貼らざるを得なくなった彼らは、彼らの数学の対象を数ではなく、線分などの幾何学量に見出さざるを得なかった。そのため、数の算術による計算ベースのスタイルより、幾何学的な論証スタイルの方が、より彼らを安心させる議論の形態と考えられるに到った、と考えられるのである。しかるに、これ以後の古代ギリシャ数学は計算や計算手順による「流れ」ではなく、修辞的・演繹的論証による「流れ」を採用することとなった。前者のような計算ベースの算術的スタイルは、すでに古代バビロニア数学においても高度に発展していたのであるから、その影響は彼らの数学にも及んでいたはずである。したがって、古代ギリシャの数学者たちがそれを採用しなかったことの背景には意識的な取捨選択があったはずであり、そこでは「通約不可能性の発見」が重要な動機の一つとなったであろうと思われるのである。これは（第8章で後述するように）その後のアラビア数学で発明されることになる、より柔軟な算術的数学、いわゆる「代数学」の発明から古代ギリシャ数学を遠ざけた一因であったかもしれない。

いずれにしても、これ以後の古代ギリシャ数学には、「証明はするが計算はしない」という傾向が著しく見られるようになる。このことは、今後の我々の考察において、極めて重要な意味を持つことになるであろう。

複合的要因

しかし、ここで注意しなければならないことがある。それは、歴史上の物事は必ず〈複合的要因〉によって起こるということだ。歴史上重要な事件や出来事は、そのどれ一つをとってみても、完全に単一の要因によって引き起こされたということはない。そのようなことは、たとえあったとしても極めて例外的である。宗教改革やフランス革命が起こった原因をただ一つだけ特定することは、あまり意味のあることとは言えない。明治維新の要因のすべてを黒船来航のみに帰着させようとするのはナンセンスだ。

古代ギリシャ数学における明証性や〈正しさ〉の認識様態の〈コペルニクス的転回〉についても、その要因を独断的に絞り込んでしまうのは危険なことだ。その背景にピタゴラス学派によるオルフェウス教の改革があり、その教義を具体化する過程で発見された通約不可能性があるというのが、我々が以上の考察で見てきたことである。そして、もちろんこれらだけが要因だとは言えない。実際、輪廻・転生を教義とした彼岸的宗教は東洋にもあった。例えば仏教もその一つである。しかし、中国や日本ではギリシャ的な論証的数学は生まれなかったし、それが不可欠になったこともない。そこには単一の要因だけでは推し量ることのできない、複雑な歴史学的・民族学的・社会学的背景があったはずである。

そもそも、今まで見てきたような宗教や哲学思想からの影響という考え方そのものの妥当性が問題である。日常的・実利的な〈算数〉から理論的な〈数学〉への脱皮は、様々な時節に様々な地域において起こった。古代ギリシャ文明においてはピタゴラス学派がその重要な一つであるし、日本では和算の勃興がある。しかし、それら数学史上の重要な出来事において、同じ〈数学〉という学問——第3章終わりに見たような印象深い普遍性を持つ学問——が生まれる事情までもが同じであったわけでは決してない。上述のように、ギリシャの演繹的数学は宗教的〈祭儀〉からスタートした側面が大きい。それと比較して、和算は宗教や哲学思想からほとんど何も影響を受けなかったことが指摘されている（小倉金之助『日本の数学』九八頁）。このような文化的・歴史的背景の微妙な違いすらも、数学の基本的な認識スタイルが受けた影響として、無視できないファクターの一つである可能性は大きい。

しかるに、数学的〈正しさ〉の考え方の相違や変化について考えるならば、まだまだ結論らしきことを述べるのは早過ぎる。ギリシャ数学における〈正しさ〉の認識という、目下の我々の考察の対象についても、まだ多くのことを検討に付さなければならない。

この章では$\sqrt{2}$が有理数でない（無理数である）ことの証明を紹介したが、そこでは証明のために「背理法」を用いることを指摘し、これは非常に興味深いことであると述べた。実は、ピタゴラス学派的な演繹的明証性——できる限り「見る」ことを排除する非図解的明証性——が確立され受容されていく過程で、背理法は極めて重要な役割を果たしていたのである。次章以降では古代ギリシャ・西洋数学の「様式化された正しさ」成立における「背理法」の役割について考えていくことになる。その手始めとして、次章ではピタゴラス学派とほぼ同時期に、それもほぼ同じ地域で勃興したエレア派の影響を考察しよう。

第6章
無限に対する恐怖

数学の時代性・地域性

前章までで、古代ギリシャ数学の源流の一つと見なされるピタゴラス学派の影響によって、数学における〈正しさ〉の規準や明証性の概念が大きく変貌したこと、さらにその受容に到るプロセスにおいては「通約不可能性の発見」による〈見えない数=無理数〉への恐怖が重要な役割を果たしたことを述べた。この発見によって、直観的な「見る」ことによる論証の「決済」は不完全で危険なものであると見なされるようになった。そこで、「見る」ことのウエイトを明証性の決済から大幅に縮小した結果、今日までも綿々と続く演繹的証明の方法が次第に確立されていった。その際、ピタゴラス学派の宗教信条がオルフェウス教の宗教改革に基づいていたことを反映して、演繹的証明の形式は宗教的祭儀のような儀式的なものに端を発し、その伝統がその後も続くこととなった。要約すれば、演繹的数学における証明の起源には宗教祭儀があるのであり、通約不可能性の発見はその社会的受容と方法論的発展のための触媒であった、と考えられるわけである。

以上のことはギリシャ的明証性の〈コペルニクス的転回〉の背景として、おそらくは複合的な要因で起こった中の一つの要因と考えられるものである。ここでこれらの議論を振り返ってみて特に印象的なのは、数学のように一見極めて普遍的な正しさを留保している学問においても、その〈正しさ〉の様式や、それを保証するための規準や議論のスタイルは、数百年というタイムスパンの中では大幅に変化し得るということだ。のみならず、そのような大きな変化の背景には宗教や時代思潮による影響が無視できないということも見逃せない事実である。

第3章の終わりに述べた建部の印象的な感嘆にも暗示されているように、数学には確かに時代や地域を越えた普遍的な側面がある。しかしその一方で、その根幹とも言うべき〈正しさ〉やその規準には時代性・地域性が厳然としてある。一体、数学はどこまで普遍的なのであり、どこまで普遍的ではないのであろうか？

同様の疑問は、正しさを留保するための基本的な方法にも当てはまる。第4章の冒頭にも述べたように、数学において「証明する」という行為は極めて重要であり、「証明」こそが数学の本質であると言われることもしばしばである。しかしその一方で、第3章で述べた日本の和算においては証明という儀式が行われることはない。イスラム世界やインド、中国における数学でも同様である。現代の我々にとって、理詰めの論証による数学のスタイル、いわゆる「演繹的数学」のスタイルこそが数学において最も大事なものであり、そこでは「証明」が極めて重要な役割を果たす。そのような感覚からすれば、数学とは論理の学問であり、証明の学問であるということになるだろう。しかし、そのような一見当たり前にも見える数学の特徴すらも、実は時代や地域に根ざした局所的な伝統に過ぎないのかもしれない。今までの議論から浮き彫りになった本書の中心的仮説の一つは「証明とはもともと宗教祭儀であった」というものであるが、そうだとすれば、そもそも数学という学問には不可分とも思われる「証明」という方法も、極めて特殊な地域的・民族的伝統に根ざした一方法論に過ぎないという可能性もある。ということは、「正しさを確信させるための方法」としての演繹的証明もまた、数学において絶対的に必要不可欠なものとは言い切れないのであろうか？

　実際、我々が後に第8章で行うように、時代性・地域性という観点から「証明」という行いを見たとき、数や図形を論じる際に〈正しさ〉を確信させる方法として演繹的証明を採用するという流儀は、むしろ極めて特異なものに見える。それは古代ギリシャで生まれたものであるが、むしろ古代ギリシャでしか生まれなかったということの方が重大だ。

　古代ギリシャ数学に影響を与えたのは主にエジプト文明やメソポタミア文明における古代数学の伝統であると考えられるが、これらの文明においては、技術的な意味においても基礎的な知識においても、今の我々が見ても驚くほど高水準の数学が、すでに獲得されていたことが知られている。実際、前章でも述べたように古代バビロニアの粘土板『プリンプトン322』にはピタゴラスの三つ組のリストがあり、その中には偶然思いついたとは考えられないようなものもある。また、前述した文献『シュルバスートラ』にも見られるように、同様に高い水準の数学の知見は古代インドおいても散見できる。さらに、古代中国にも極めて強力な数学・天文学の伝統があり、その源流には『九章算術』と呼ばれる高度な算術書があった。実際、この『九章算術』は古代文明の数学文献としては驚くほど優秀なものである。ファン・デル・ヴェルデンはこれらの古代文明の数学を詳細に検討・比較して、『九章算術』が飛び抜けて優れたものであると結論付け、その理由をいくつも挙げている（『ファン・デル・ヴェルデン　古代文明の数学』八五頁以降）。

しかし、これらのギリシャ以外の伝統の中では、ギリシャ的な証明による数学の方法は決して生まれなかった。中国の数学から影響を受けて独自に発展した日本の和算においても、『ユークリッド原論』のような流儀の数学のやり方は遂に生じなかったのである。第3章にも述べたように、これらはまさに「証明のない数学」なのだ。

だからと言って、これらギリシャ的でない数学がギリシャ風の数学を受け継いだ中世アラビア数学や、その流れを更に発展させた西洋数学に比べて低水準であったというわけではない。和算においては第3章に見たような高水準の数学的知見や技術があったし、関孝和はヨハン・ベルヌーイよりも早くベルヌーイ数の概念に到達している。インドでは前述した十五世紀のケララ学派のように、世界に先駆けてまさに驚くべき高水準の解析技法が発達していた。

したがって、論証的・儀式的な証明によって正しさを留保する演繹的数学の創始が、ことに古代ギリシャ数学だけによって開始されたという歴史的事実も、単に数学的才能や知識水準の高低のみによるものと解釈することはできない。だとすれば、これを数学以外の背景に求めるしかないであろう。本書ではこれを時代思潮や宗教的基盤に求めるという立場をとってきた。時代精神や社会状況は、我々が予想するよりもはるかに強力な影響を、時の数学の担い手たちにもたらしていたのだ、というのが本書の立場である。それは天才級の数学者たちにも強く作用し、彼らの発想や創造の可能性にも大きな制約を与えていたのかもしれないのである。

例えば、小倉金之助は日本の和算の精神について、次のような注目すべきことを述べている。

和算家は、好んで「無用の用」ということをいいました。これが和算家のとるべき精神でした。「芸に遊ぶ」——これが和算家の理想だったのであります。（『日本の数学』一〇〇頁）

これに対して古代ギリシャの時代思潮は、ことにその哲学思想において〈遊び〉のない厳格な視線を「真理」に対して向けていたように見える。その厳しさは往々にして哲学が探求できるものの範囲をも制限し、そこから外れるものに対する精神的な恐怖感をも植え付けた。この章で検討に付そうとしているエレア派の思想は、まさにこのような効果を時代の精神に付け加えたように思われる。前章で述べたように、ピタゴラス学派による通約不可能性の発見は、無理数に対する恐怖感を、そしてさらには〈見えない正しさ〉に対する恐怖感をもギリシャ人たちに植え付けた。これと並行して、本章で述べるように、エレア派は〈無限〉に対する心理的恐怖感をギリシャ精神世界にもたらすのである。そして、その影響は良くも悪くも深刻なものであった。実際、それは後述するように、古代ギリシャの大天才アルキメデスを微積分の発見から遠ざけた可能性もあるのだ。

筆者も一数学者として率直な感想を述べるならば、数学者が哲学や宗教といった数学の外の思想から恐怖感やトラウマを植え付けられるというのは、少なくとも現代ではあり得そうもないと感じられる。数学はこれらの学問・思想とは独立のものだ、という意識が強いからである。しかし、このような「諸学のしがらみから自由な数学」という感覚自体も、歴史的・地域的な文脈から自由ではないはずだ。実際、古代ギリシャにおいては数学は哲学と無関係ではなかったし、現代の抽象的数学観とは異なり、数学は自然本体（フュシス φύσις）とも独立ではなかった。しかるに、「通約不可能性の発見」や、この章で検討するゼノンの逆理が突きつける「現実の存在様態と論理的思考との不一致」に直面して、当時の数学者たちが現在の我々よりもはるかに深刻な心理的影響を受けたことは十分あり得るのである。むしろ、これらしがらみからの「数学の解放」こそが、近代西洋数学を強化した要因だったようにも思われる。そしてまさにこのことが、数学における正しさの様式の一応の歴史的終着点として、本書の終章（第10章）で考察される内容なのだ。

「1」は〈数〉か？

『ユークリッド原論』では〈数〉の概念は次のように定義されている。

数とは一からできている多である。（第七巻定義2）

ここで印象的なのは、『原論』における〈数〉の中に「1」が含まれていないということだ。これに対して、「1」の方は単位として数を構成するものという位置づけである。

一とは、おのおののものがそれによって一と呼ばれる単位のことである。（第七巻定義1）

このことは『ユークリッド原論』における数概念の定式化のみならず、おそらく当時の数学者たちに共通した感覚であった。つまり、ユークリッドが活躍したころのギリシャ数学における数概念の基本的な考え方は「1」という単位が積み重なる、あるいは多化されることによって数が生じるというものだったのである。この考え方においては「1」は単位であり、それそのものは数ではない。単位が寄り集まってできたもの、もはや単位ではないものが彼らにとっての〈数〉なのである。

この「一」対「数」の二分法の背景には、「一者」対「多者」という哲学的な構図があると考えるのが自然であろう。そうすると、一者たる「一」は、もうそれ以上分割することのできない不可分の存在と見なされていたことになる。この「分割可能・不可能」という概念上の区分に、古代ギリシャの人々は極めて敏感であった。『ユークリッド原論』でも詳細に議論される偶数・奇数論は、数の二等分という分割の可能・不可能性の理論である。また、「もはやそれ以上分割できない根本存在は何か？」という問いは、デモクリトスの原子論をはじめとして、古代ギリシャ哲学の底流を流れている。この文脈からすると、すなわち数とは単位である「一」の集まりであり、したがって〈分割可能〉なものである。そして、その分割を行った究極にある「一＝原子」は、もはや〈分割不可能〉なものである。「一」は分割できないからこそ単位なのであり、だからこそ分割可能であるべき「数」とは見なされない。これがギリシャ人たちの数に対する基本的な考え方であった。

この思想は『ユークリッド原論』をも含めたギリシャ数学における分数のとりあつかいにも顕われている。古代ギリシャ数学では、形の上では分数を使うこと回避し、これを自然数の間の比の関係を用いて表現していた。1|2や1|3のような分数を考えるには、本来不可分であるはずの「一」を分割しなければならないからである。

表向きはこうであったが、実質上は彼らは分数（有理数）を用いていたのであるから、その意味では「一」の分割を、あくまでも便宜的なものとしては許していたとも言える。しかし、その分割は有限なものでなければならなかった。つまり「一」を二等分、三等分などすることは許しても、無限に分割するということは許していなかったのである。これは彼らの数の概念において、少なくとも当初は無理数を念頭に置いていなかったことを意味している。そしてこれが通約不可能性の発見、つまり$\sqrt{2}$の無理性の発見と矛盾してしまったことは前章に述べた通りである。

通約不可能性の発見は、〈数〉の分割として有限分割しか許さない、つまりいつかは分割不可能な〈単位＝原子〉に行き着くべきだというギリシャ人たちの立場を揺るがした。それはギリシャ数学の担い手たちに「一」の無限分割可能性を認めるように迫ったかもしれない。しかし、それは不可分な単位としての「一」の存在という彼らの数認識に真っ向から対立したはずである。

エレアのパルメニデス

ところで、厳格に分割不可能な単位としての「一＝一者」という考え方の思想的背景に、サボーはエレア派の創始者パルメニデスがいることを指摘している（『数学のあけぼの』四七頁）。サボーによれば、パルメニデスによる「存在 τὸ ὄν」が、まさにこのような形で特徴付けられているという。のみならず、先に挙げた『ユークリッド原論』における「一」の定義「一とは、おのおののものがそれによって一と呼ばれる単位のことである」には少なからずエレア派の思想の影響が見られるというのである。

哲学の起源はギリシャ古代哲学であるとするのが一般的であるが、その源流はタレスやアナクシマンドロスらによるミレトス学派とパルメニデスやエレアのゼノンによるエレア学派の二つに大別される。小アジアのミレトスを中心に勃興したミレトス学派が、万物の第一物質は何かという問題を出発点としたのに対して、マグナ・グラエキアの南イタリアから起こったエレア学派はそもそも「存在する」とは何かというさらに根本的な問いから出発した。南イタリアと言えばピタゴラスが活躍したクロトンもそうである。そのため、エレア派とピタゴラス学派がお互いを知っていたということは十分にあり得るし、ある程度その思想にも互いに影響を与えたであろうと考えられている。ただ、時代的にはピタゴラスが活躍したのは紀元前六世紀後半であったのに対して、パルメニデスは紀元前五世紀前半の人であるから、時系列的にはピタゴラス学派の教条がパルメニデスに影響を与えたという方があり得ることになるであろう。しかし、ピタゴラス学派の宗教祭儀から発達した演繹的数学、〈証明〉という儀式をギリシャ数学が最も重要な方法として採用し発展させていく中で、エレア派の思想のインパクトが果たした役割は良くも悪くも大きかったと考えられるのである。

パルメニデスは前述の通り、概ね紀元前五世紀前半に南イタリアのエレアで活躍した人物と目されているが、その生い立ちや経歴の詳細については、ほとんど何もわかっていない。その思想内容についても、完全に復元可能な著作があるわけではなく、後世の人々により引用された断片がいくつか遺っているだけである。そのため、パルメニデスの思想については現在でも多くの謎が残されている。

パルメニデスの思想において最もユニークな点は、それが「ある」とは何か、「存在する」とはいかなることかという根本的な問いから出発していることにある。その意味で、パルメニデスは形而上学的存在論の創始者なのであり、パルメニデスが発したこの根本的な問いから、そもそも西洋哲学が始まったと考える人は多い。

〈ある〉とは何か?という問いかけに対するパルメニデスの思想は、真理の女神の言葉として語られる。

> すなわち探求の道はただこれら〔二つ〕だけが思い浮かび得る。
> 一方の道は、ある、とし、ないということはありえぬ、とする道である。
> これは「説得」〔し納得させる女神〕の道である。なぜなら彼女は「真理」〔女神〕に供しし

たがうからである。
他方の道は、ない、とし、断じてないとすべきである、という道である。
だが実際、君に指摘しておくが、この道は全くもって尋ね聞くべきすべもない獣道なのである。
なぜなら君は、ないものを識るわけにはゆかないし――なにゆえならばそれはできないことだからである――、
指摘するわけにはゆかないからである。

（神崎繁・熊野純彦・鈴木泉編『西洋哲学史Ⅰ――「ある」の衝撃からはじまる』四九頁）

すなわち、パルメニデスは「ある＝存在する」を「ない＝存在しない」との対比によって厳格な二分法を通して捉えている。「ある」とは完全に全き意味において〈ある〉ことなのであり、強い意味で「ある」とか弱い意味で「ある」といったことはない。〈ある〉と〈ない〉の対比は絶対的であり、その中間というのはあり得ない。〈ある〉は分割できないものであるし、程度や濃淡のあるものでもない。〈ある〉とは全き意味での「一者」である。

　全き意味での「一者」というと、我々はそこから神的なものを想像しがちである。しかし、パルメニデスの「ある」という言明には神秘主義的な色合いが薄い。実際、パルメニデスの一者は球の形をしているとパルメニデス自身が語っている。つまり、球という形を持つ物質的な存在として、パルメニデスは一者を捉えていたらしい。それはいたる所に存在し、しかも分割不可能な

存在である。この世の存在の根本に、物質的なひろがりを持った一者的存在があり、「ある」ものはこれだけであると言明しているところに、パルメニデスが形而上学の創始者だと目されている理由の一つがある。

しかし、パルメニデスの教説においてひときわ目を惹くのは、その極めて厳格な論理性である。〈ある〉と〈ない〉を徹底的に区別し、その中間は認めない。「ある」を〈ある〉とし、「ない」を徹底的に〈ない〉とする道が真理の道であり、それ以外の道は臆見の道であるとするのだ。このような極めて厳格な二分法を、自然学というよりむしろ論理学の問題として徹底していることがパルメニデスによる「ある」の教説の真骨頂であり、その後のギリシャ哲学や西洋哲学に大きな影響を与えた要因であろう。その意味では、パルメニデスは「論理学的な形而上学」の創始者ということになるであろう。

「真理の道」と「臆見の道」

「論理学的な形而上学」という立場においては、観察・実験を通して外的自然のしくみを探求するという近代自然科学的なやり方とは対照的に、むしろ内的思惟によって論理的に世界像を構築しようとする。その一つの典型はプラトンのイデア論の考え方であろう。我々の感覚によって把握される外的自然は、実は臆見に満ちており、物事の真の姿ではない。真の存在はそのような感覚的・物質的なものではなく、それら一つ一つに分有されている「イデア」であるという。一般的に言って、プラトンの思想には明瞭にパルメニデスの影響が見られるが、このイデア論の教説にも、次の二つの意味でパルメニデスからの影響を見てとることができる。一つはプラトンが感覚的なものを臆見・思惑として物事の真の姿ではないとし、真の姿は本来非感覚的なものであるとしたこと。もう一つは、イデアこそが「ある」ものであり、それを分有する物質的事物との区別を徹底したことである。

感覚的・日常的な事物が臆見であるとするパルメニデスの教条は、ここでも厳格に大別された「真理の道」と「臆見の道」という二分法によって語られている。「真理の道」とは先にも述べたように、「ある」を〈ある〉とし、「ない」を徹底的に〈ない〉とする道であるが、これに対して「臆見の道」は「あり、かつ、ない」ものどもへ通じる思惑の道である。この世のものは時々刻々変化し流転しているように見える。今見えるものは過去に生起したものであり、未来には消滅するものである。しかし、本来「ある」ものは生成も消滅もしない。「ある」ものが昔は「なかった」とか、今「ある」ものが将来には「なくなる」ということがどのようにして可能であろうか。〈ある〉は全き意味での存在でなければならない。さもなければ、それは〈ない〉ものでしかなく、そのようなものは本来考えたり知ったりすることすらできないはずのものだ。したがって、生成し消滅する事物、「あり、かつ、ない」ように見える事物は本来〈ない〉はずのものである。そして「ない」のであれば、徹底的に〈ない〉としなければならない。なぜなら、それは臆見であり思惑に過ぎないからである。

しかるに、「ある」を〈ある〉とし「ない」を〈ない〉とする道を外れた臆見の道、「あり、かつ、ない」ものに惑わされる道は、多くの人々が迷い込んでいる道でもある。パルメニデスの教説は「真理の道」と「臆見の道」の二つのうちどちらか一方しか選択できないことを宣言し、我々に厳格な二者択一を迫るのである。

背理法の起源

以上、パルメニデスの教説について大まかに概観したが、ここまでくると、その後世の哲学への影響の大きさが計り知れると思う。中でも「感覚的なものは臆見であり真なる姿ではない」とする世界観――これは「見る」ことへの徹底的な忌諱との関連を強く示唆する――は、プラトンのイデア論やキリスト教など一神教の彼岸思想、さらにはデカルトの方法的懐疑を通じて、あまねく西洋哲学の底流に流れている。もちろん、このような世界観そのものがパルメニデス一人の創作であるというわけではないだろう。実際、ピタゴラス学派の教説における彼岸思想にも、そのような意味合いを読みとることができるし、何よりピタゴラス学派の教説が「見る」ことの排除をもたらし、見ることによる論証の「決済」を捨て、宗教的祭儀としての「証明」という数学の方法を編み出した背景にも、感覚的な「見える」世界を臆見とする考え方がある。言わば、それは当時の一般的な時代思潮だったとも考えられるし、その背景には当時の南イタリアに流行していたオルフェウス教などの神秘的宗教思想の影響もあったであろうと思われる。

その意味では、以上のような感覚世界の忌諱という世界像をパルメニデス一人の思想に帰着させることはできないのであるが、重要なことは、彼の思想がこの世界像を徹底的に先鋭化し、それまでの宗教的トーンの濃いものから脱して、形而上学的に純化させたことにある。そして、さらに言えば、パルメニデスによるこの徹底化は、一にも二にもこの世界像を論理学ベースで記述することによってなされた、ということも見逃してはならない点である。

しかるに、パルメニデスが創始したエレア派の思想のギリシャ数学への、そしてひいては西洋数学や現代数学への影響を考える上でも、この厳格な存在・非存在の思想の形而上学的側面と論理学的側面の二つに整理して考えることができる。

エレア派思想の数学への影響における論理学的側面の中で特に重要なのは、その〈正しさ〉を留保するための明証性の概念への影響である。前章までで我々はギリシャ数学における明証性のコペルニクス的転回の背景にはピタゴラス学派があることを指摘した。そして、これはおそらく多くの複合的要因の中の一つに過ぎないであろうことも述べた。ここではそのもう一つの要因として、エレア派の教説からの影響が考えられることについて述べよう。

パルメニデスによる「ある」の思想の論理学的インパクトは、特に〈ある〉と〈ない〉の厳格な二分法にあることは前にも指摘した。〈ある〉は全き意味においてあるのであって、程度の問題は存在しない。また、〈ない〉ものは徹底的にないのであって、ある程度〈ない〉というものでもない。「存在」を純粋に論理的に考察した場合、そこにあるのは〈ある〉と〈ない〉の絶対的な二分法であって、その中間というものは決して存在しない。このような厳格な選択を、パルメニデスは我々に迫っているのである。パルメニデスのこの思想、厳格な意味での一者だけが真の存在であるという絶対的一元論の内容を、論理の立場から図式化すると次のようになる。

パルメニデスは道の探求に際して、次の三つの道の可能性を示した。

①〈ある〉はある。
②〈ある〉はない。
③〈ある〉はあり、かつ、ない。

このうち①のみが「真理の道」であり、②はその否定として、また③は「あり、かつ、ない」ものどもによる欺瞞としての「臆見の道」である。そして、②と③が真の道ではない理由は、それが「自己矛盾」を含んでいるからに他ならない。②においては〈ある〉べきものが〈ない〉とされており、「ある」と「ない」のどちらか一方のみしか選択できないことに矛盾している。すなわち、「あり、かつ、ない」という選択の余地はないのであり、そのため③も自己矛盾を含んでいるというわけである。先の引用、

なぜなら君は、ないものを識るわけにはゆかないし――なにゆえならばそれはできないことだからである――、
指摘するわけにはゆかないからである。

にも示されているように、〈ない〉ものはそもそもそれについて知ったり語ったりすることすらできないはずだ。したがって、〈ある〉ものが、同時に〈ない〉ということは原理的にあり得な

い。

さて、ここに示された「自己矛盾」は、まさに以前$\sqrt{2}$が有理数でないことを証明するときに導出した矛盾と極めて似た種類のものであることに気付くであろう。$\sqrt{2}$が有理数でない、つまり無理数であることの証明に用いた矛盾は、その証明が、

qは奇数である

という結論と、

qは偶数である

という両方の結論を導出したことにあった。しかし、自然数においては偶数であり同時に奇数でもあるという数は存在しない。なぜなら、偶数はその二等分という分割があり、奇数においてはないからである。言わば、「偶数・奇数」の二分法は「ある・ない」の二分法と同等の厳格さをもって、我々にどちらか一方のみの選択を迫っているのだ。

論理学的文脈で詳細に検討すると、以上のように、パルメニデスの思想における「真理の道」の選択においては、その背景に背理法の原理が働いていることがわかる。上の②と③の道が否定されたのは、それが自己矛盾を含んでいるからであり、そうであればこそ、それは「臆見の道」

となるわけである。「$\sqrt{2}$の無理性」の証明においても事情は同様だ。$\sqrt{2}$が有理数であるという仮定から出発すると、それは「偶数であり、かつ、偶数でない」という自己矛盾に陥る。つまり、それは③の図式にぴったり当てはまる状況なのだ。そしてパルメニデスはそれを「臆見の道」として退ける。我々に残された選択、つまり唯一の「真理の道」は$\sqrt{2}$が有理数ではないということ、つまり通約不可能な数であることを認めることである。

このようにパルメニデスの教説における探求の道の選択には、見事に背理法の原理が働いている。これを踏まえて、サボーはさらに進んで、そもそも背理法のような間接証明はパルメニデスの思想から始まったのだと説く。

間接証明の形式は数学者の所産ではなく、またこれを初めて用いたのも数学者ではなく、むしろ南イタリアのピタゴラス学派が、前五世紀の初め頃やはりその地に住んでいたエレア派の哲学者から、それを既成のものとして引継いだものと思われる。（『数学のあけぼの』三三一頁）

これは非常に魅力的な仮説である。もちろん、その真偽のほどは定かではないし、なかなか確かめようもない。もちろん、ピタゴラス学派とエレア派双方が活躍した場が同じ南イタリア地方であったことは、この仮説の有力な支持基盤となり得るが、しかし両者の活躍年代が微妙にずれていることは負の論拠となり得る。実際、先にも述べたように、ピタゴラスがクロトンで教団を営んでいたのは紀元前六世紀後半であり、紀元前五世紀初めに活躍したと目されているパルメニデスは、いささか年代的に若い。ただし、ピタゴラス自身の死後にもピタゴラス学派は続いていたのであるし、通約不可能性（$\sqrt{2}$の無理性）の発見がピタゴラスの生前になされていたはずだという有力な根拠もない。その意味では、サボーの言う通り、ピタゴラス学派はエレア派からレディ・メイドの証明技法として背理法を引き継ぎ、それを実地で応用することによって通約不可能性の発見がなされたという可能性も否定できないのである。

様式化された正しさ

背理法の起源がエレア派であったかどうかはわからないが、エレア派の教説における厳格な論理が、背理法を含めたその後の演繹的数学の発展に影響を与えたことは十分にあり得る。背理法において重要な論理図式は「あり、かつ、ない」などの矛盾から、最初の仮定を否定するところにある。すなわち、自己矛盾に陥ったのは、そもそも最初に出発点とした「仮定」が間違っていたのだ、とする部分に核心があるわけだ。この部分の論理構造は、つまり、

否定の否定 ＝ 肯定

という形に整理できるだろう。証明したい命題Pがあったとき、まずはそれを否定してみる、というのが背理法の証明の最初の段階であった。そこから「虚構の推論」を経て矛盾に到れば、それは最初の出発点で命題Pを否定したことに間違いがあったということになる。そこで、「命題

Pの否定」を否定することによって、もともと証明したかった命題Pそのものが得られるというわけだ。すなわち、否定を二回繰り返すと、もとに戻るというところが重要なのである。エレア派の教説によれば、〈ある〉と〈ない〉の区別は絶対的で、中間的な状態というものは存在しない。「否定」の否定が、「否定」という何ものかを否定している以上、それは「否定」ではない。となれば、肯定とするしかない。厳格な二者択一は、このような白黒はっきりさせる論理の展開を我々に要求するのだ。

しかし、実際問題として、否定の否定が必ずしも肯定とはならないことも多い。これは特に「存在」にまつわる命題において顕著である。エレア派的に厳格な二者択一を日常生活に当てはめて考えてみれば、それは一目瞭然だ。何かが「ない」と困る（矛盾する）からと言って、それが「ある」と結論できるわけではない。一角獣《ユニコーン》が存在しない理由は、その存在を仮定すると矛盾が起こるから、というわけではない。その意味では、「否定の否定は肯定」という考え方は、まさに一つの教義、あるいは〈信仰〉と見なされるべきものであると言えるだろう。

ところで、神が存在するかしないかというのは信仰の問題であるが、これを合理的理性によって証明しようとした人は歴史上数多くいる。そのような証明の中でも有名なのは、次のカンタベリーのアンセルムス（一〇三三〜一一〇九）によるものである。

我々が思い描き得る他のいかなるものよりも大きなものとして、我々は精神の中に神の概念を思い描いている。しかしながら、神が我々の思い描くものの中で真に最大であるためには、神は存在をもしていなければならない。何となれば、もし神が存在しないとするなら、神は最大ではないからである。実在する最大のものは、架空のものどもの中で最大のものより、明らかに大きい。したがって、もし神が存在しないなら、神は我々が思い描く最大のものとはならず、しかるに神は存在しなければならない。

この「存在証明」もまた、背理法によるものであることは注目に値するだろう。「実在する」という属性を欠いたものは最大のものとはなり得ない。したがって、最大のものとしての神が存在しないならば、その最大性に反するというわけだ。

神の存在・非存在について論じるのがここでの主題ではないし、右に挙げた神の存在証明が妥当なものか否かを論じようとしているわけでもない。しかしながら、右の証明に見られる〈神〉のような、何らかの無限性を備えたものの存在を証明しようとするときに、しばしば背理法が使われるということは指摘しておくに値する。第1章で論じた「素数の無限性」についても同様で、これらのように〈無限〉を相手にして議論する場合、特にそれらに関する存在・非存在問題を論じるときには、まず間違いなく背理法が不可欠となる。否定の否定が肯定であるという教義が、このような議論を典型的に可能とするからである。

実は、アンセルムスによる「神の存在証明」のような議論は、現代数学の中にも数多く存在する。例えば、現代代数学において最も基本的な主張である「極大イデアルの存在」や、「代数閉包の存在」がその例だ。残念ながら、ここではこれら専門的な命題の詳細について論じることはできないが、これらもまさに最大（極大）性に反することから背理法により証明される定理である（より正確には、これらの定理の証明が最終段階で用いる「ツォルンの補題」が、極大元の存在を背理法で証明している）。アンセルムスの証明が「我々が思い描き得る他のいかなるものよりも大きなものとして、我々は精神の中に神の概念を思い描いている」という信仰的前提、すなわち「公理」から出発しているように、これらの数学の定理も選択公理と呼ばれる集合論の公理などを前提として導かれる。すなわち、それらの公理を〈信じる〉という「基盤」――第2章の終わりに論じた「正しさの認識における三要素」の中の一つとしての「基盤」――の下に、ある種の〈正しさ〉を保証するという様式、すなわち「公理論的」様式を持っているのだ。その意味でも、これらの議論の形態はよく似ているのであるが、相似点はそれだけではない。神の存在が神学の出発点でもあるように、これらの数学的対象の存在は、現代的な代数学における可換環論や体論の出発点ともなっている。その意味では、背理法が「否定の否定は肯定」という強力な教義をその背景として、学問の出発点となる重要な対象の存在を、何らかの公理という約束事の下に保証するという基本構図は、今も昔も変わっていない。

いずれにしても、このように背理法による数学の議論においては「存在しない」と仮定して矛盾が出た場合、それは「存在する」と結論されるのが常である。もちろん、これは数学における〈存在〉とは何か、というさらに根本的な問いにも繋がる深刻な問題であろう。実際、直観主義とか構成主義とか言われる数学の立場においては、背理法による存在の証明は認められないものとされる。本書の主題でもある〈正しさ〉という視点から改めて考えてみると、極大イデアルや代数閉包の存在の妥当・非妥当性の問題は、スコラ哲学における神の存在のそれにも通じるものがあるかもしれない。いささか極言すれば、その〈正しさ〉はアンセルムスによる神の存在証明の正しさと同等のものではないにしても、全く異質のものであるとは言い切れないであろう。言わば、正しさの〈様式〉とでも言えるレベルで、これらの〈正しさ〉は共通しているのである。その意味で、パルメニデスの教説、特にその論理学的側面は、命題の妥当性という地平に(すでに以前の議論でも各所に出てきた)「様式化された正しさ」とでも呼べる新たな次元をもたらしたとも言えるのである。

「運動」の否定

次にエレア派の「存在・非存在」に関する教説がギリシャ数学に及ぼした影響のうちの、形而上学的側面に話を進めよう。この側面に関する影響の中で最も深刻だと思われるのは、エレア派による「完全で不可分な一者としての存在」という思想が「運動」の否定を導くという点である。繰り返しになるが、「ある」ものは完全に全き意味において〈ある〉のであり、「ある」と同時に「ない」という状況は自己矛盾として論理的に排斥されるのであった。その観点からすると、物体の運動は実在できないことになる。実際、運動している物体は、時間の経過によって次々と位置を変えている。ある時刻においてある位置に物体があっても、そこにはその前後の時刻には物体はない。ある時刻における一瞬の状況を切り取ってスチール写真を撮ってしまうと、その物体は停止しており運動してはいない。少なくともその場所に停まっている物体を撮影した場合と区別することができない。さらに言えば、スチール写真はバラバラの瞬間瞬間でしか撮ることができず、それらをつなげて運動を復元することは不可能だ。（後述のダンツィクの言葉の通り）スタッカートをいくらつなげてもレガートにはならない。かと言って、瞬間瞬間においても物体は動いているというのであれば、物体はその場所にあり、かつ、その場所にないということになる。「あり、かつ、ない」とする道は臆見なのであったから、パルメニデスの教説からは、運動する物体は存在し得ないことになるわけだ。

実際、エレア派は以上の理由から「運動」は不可能であると結論する。物体が運動しているように見えるのは、単にそう見えるというだけのことであって、存在の真の姿ではない。物体の運動は我々の臆見に過ぎない、というのである。

矢の逆理

この論点は、有名なゼノンの逆理における「飛んでいる矢は停まっている」によって見事に説明されている。エレアのゼノンはパルメニデスと同じく南イタリアのエレア出身で、パルメニデスの弟子として、エレア派哲学における二番目の重要人物とされている人物である。有名な「ゼノンの逆理《パラドックス》」は四つの逆理から成るが、その一つである「矢の逆理」は次のようなものである。

飛んでいる矢を考えよう。ある時刻の一瞬において、矢は空中のある場所を占めている。そして、その瞬間の矢は停まっていなければならない。なぜなら、矢が場所を変える（移動する）にはそのための所要時間がかかるはずだが、一瞬というのは時間が0ということだからである。したがって、その一瞬における矢は、どこからかその場所に来ている矢でもないし、その場所からどこかへ飛び去っている矢でもない。しかるに、それはそこに静止しているのである。ということは、矢はどの時刻の瞬間においても静止していることになる。つまり、飛んでいる矢は静止しているということになるわけだ。

この議論の最後のところで、ゼノンは時間が（時間間隔が0の）〈瞬間〉というものから構成されているという暗黙の前提を使っている。時間は各時刻毎の瞬間に切り取られるが、逆にそれらの瞬間をよせ集めれば、もとの時間が復元されるという前提である。この前提に基づけば、各瞬間では矢は停まっているのであるから、それらの瞬間から構成される全時間においても矢は停まっていなければならない、となるわけだ。

したがって、ゼノンのこの逆理に対する最も重要な論点は、（幅のある）時間が果たして各時刻毎の（幅のない）一瞬から構成されているか否かという点にある。これと同等の論点は、線分は点から構成され得るか、という空間的な問題にも見出せる。前章では実数の数直線モデルについて概説し、これが現代の我々の持っている実数のイメージであることに触れた。しかし、この数直線モデルはまさにゼノンの前提に基づいて構成されているのである。実際、このモデルにおける「直線」は、各実数に対応した点の集まりなのだ。各点には一つの実数が対応しており、逆にどの実数も数直線上の点が対応する。そしてそれらの点がすべて集まって数直線という直線が構成される。

ともあれ、問題の核心は時間や線分のような「連続的な」ものが、一瞬とか点といったバラバラなもの、つまり「離散的な」ものから構成され得るか、という点にある。実数の数直線モデルを何の疑いもなく了承している現代の我々は、この問いに対して迷うことなく「イエス」と答えるであろう。しかし、ゼノンの逆理は、そうすると運動が論理的に不可能になると訴える。実際、パルメニデスやゼノンらによるエレア派の教説の中では、森羅万象における「運動」の概念、単に物体の運動だけでなく、ものの生起や消滅といった変化に到るまで、すべて臆見として否定されている。これらは「あり、かつ、ない」ものであり、それ自身が自己矛盾を含んでいるからである。

ゼノンがこの逆理を提出することで何を意図していたかは定かではないが、ゼノンの意図とは独立に、我々はこの逆理を一つの「背理法」として解釈することもできる。すなわち、

時間や線分といった連続的なものは、一瞬とか点といった離散的なものから構成される

という仮定から出発すると、明らかに飛んでいる矢が停まっているという矛盾が起こる。よって、背理法により出発点であった仮定は間違っている。つまり、

時間や線分といった連続的なものは、一瞬とか点といった離散的なものからは構成されない

という結論を導く、と解釈するのである。

これは現在の我々が了承している実数の数直線モデルの立場からすると認めることのできないものであるが、ゼノンやパルメニデスにとっては、少なくとも突飛な結論ではなかったかもしれない。というのも、この背理法の結論は「時間・空間の無限分割が不可能である」ということをも意味しているからである。

時間や空間などの「連続体」が、〈長さや幅を持たない〉点などの離散的なものから構成されるというのは、別の言い方をすると、それが点の集まりに分割できるということ、つまり無限に分割できるということを意味している。それに対して、連続体が離散的な点からは構成され得ないとすると、それは何らかの大きさを持った〈単位〉から成ることになり、したがって無限に細かく分割することは不可能ということになる。ゼノンの「矢の逆理」は、時間や空間が無限に分割可能であるという前提から出発して、飛んでいる矢は停まっているという矛盾を導いた。とすれば、その背理法としての解釈は、時間や空間の無限分割不可能性を結論付けることになるわけだ。この結論は、どんな〈数〉（自然数）も無限分割はできないこと、つまり、分割によって「一」＝一者」の集まりになるが、「一」が不可分である以上、それ以上は分割できない、という前述の教条ともぴったりマッチしている。

このような視点から見ると、以上のように、ゼノンの逆理「飛んでいる矢は停まっている」は、単に「運動」の否定を主張しているだけでなく、その背後に空間・時間の「無限分割可能性・不可能性」という極めてデリケートな二律背反《アンチノミー》を孕んでいることがわかるのである。

競技場の逆理

空間の「無限分割可能性・不可能性」に関しては、ゼノンによる四つの逆理の中のもう一つ、いわゆる「競技場の逆理」によっても、その重要な論点が暗示されている。残念ながら、この逆理はゼノン自身の言葉では伝わっておらず、アリストテレスやシンプリキオスといった後世の人々による引用・註釈によって知られているに過ぎない。そのため、この逆理は他の三つに比べて格段にわかりにくく、その解釈もまちまちである。ここではその一つの解釈、それも本書なりの大胆な拡大解釈——しかし、おそらくゼノン自身の意図から大きくは外れないであろうと思われる——を与えることにしよう。

「競技場の逆理」は、前述の「矢の逆理」とは逆に、時間・空間などの連続体は無限分割不可能であるという仮定から出発する。つまり、線分は長さのない点にことごとく分割されず、分割は不可分な〈単位〉の有限個の集まりになる時点で終了する、という立場を出発点としているのだ。この仮定を踏まえて、以下の状況を考える。

まず、三つの線分を考える。簡単のため、これらの線分は四つの〈単位〉から成っているとする。図13では時系列に沿って三つの状態を示しており、その各々には四つの単位原子（黒丸で示した）からなる三本の線分が描かれている。便宜上、黒丸同士は点線でつながれているが、実体としての〈線分〉は四つの黒丸でしかない、というのが我々の仮定であった。それは四つの〈単位＝黒丸〉の集まりに過ぎないのであり、我々の出発点での仮定から、その〈単位＝黒丸〉は、

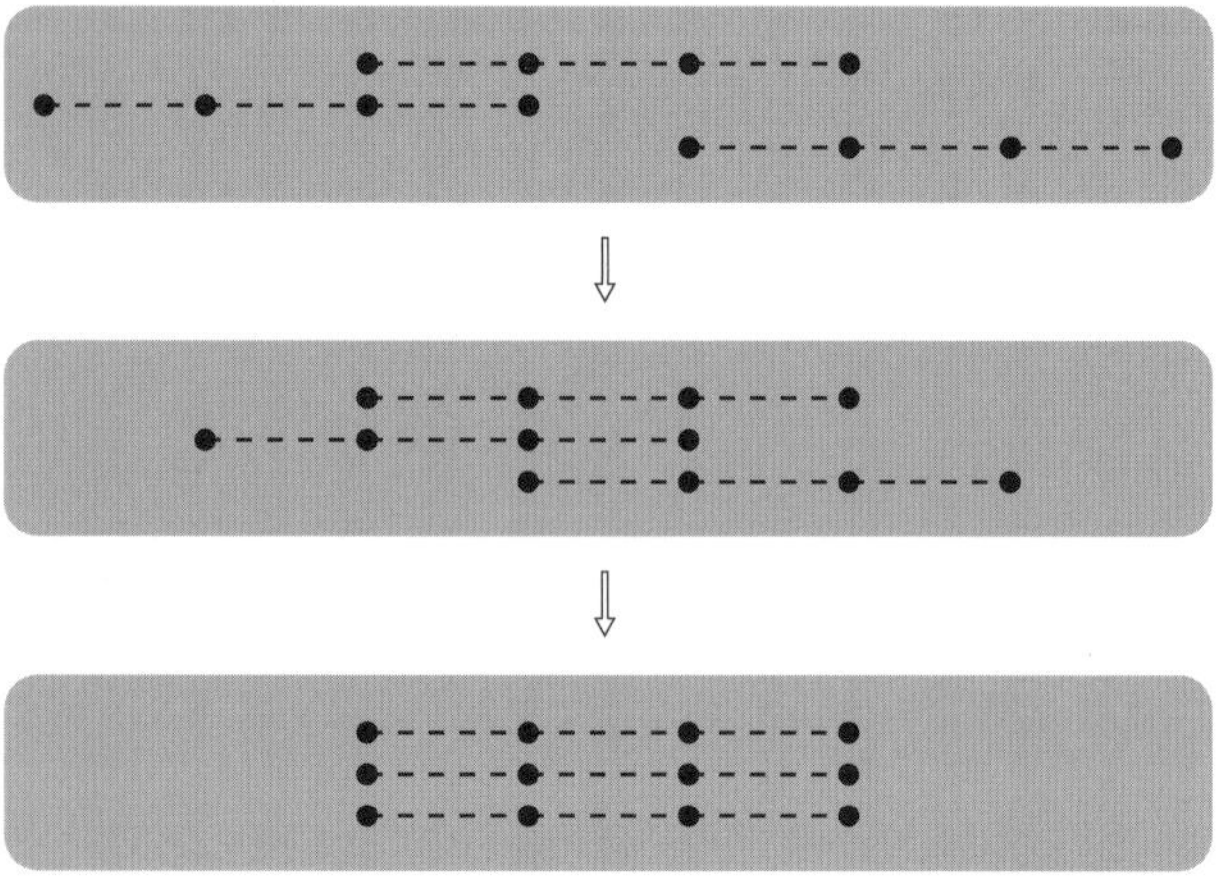

図13　競技場の逆理

もはやそれ以上分割することができない不可分の存在である。

　最初の時刻（仮に時刻0とする）では三本の線分の位置関係は図13の一番上の状態である。そこに描かれている三本の等しい線分のうち、上のものはその場に静止しており（競技場の四人の観客に喩えられる）、中間のものは右に向かって移動し、下のものは左に向かって移動している（競技場で行進する競技者たちに喩えられる）。これら移動している線分は、それぞれの方向に向かって時間の単位1で線分の単位1ずつ移動するとする。すると、次の時刻（時刻1）では図13の真中のような状態となり、さらに次の時刻（時刻2）では図13の一番下の状況となる。つまり、一番上の状態から出発して、時間が2単位過ぎると、これら三つの等しい線分は互いにぴったり重なることになる。

　さて、移動している二つの線分のうち、上のもの（右に移動している）を「隊列B」と呼び、下のもの（左に移動している）を「隊列C」と呼ぼう。

隊列Bの先頭は時間が1ずつ経過する毎に観客を一人ずつ通過する。しかし、彼は隊列Cの人々のすべてを通過することはできない。実際、最初に時間が1経過した時点（時刻1）で、彼は隊列Cの先頭を〈すでに〉通り越している。すなわち、隊列Bの先頭者と隊列Cの先頭者は決して横に並ぶことはない。なぜなら、隊列Bは観客席に対しては時間1あたり距離1で進むが、隊列Cに対しては時間1あたり距離2で進むことになってしまうからである。

ゼノンはこれをして「不合理である」としている。その背景には等速で互いに逆方向に運動するものは、ある時点で重ならなければならないという現実の事象的直観がある。試みに、上の隊列Bと隊列Cが同一のコース（水平軸）を歩いているとしてみるとよい。この場合、隊列Bの先頭者と隊列Cの先頭者はどこかで衝突するはずである。しかし、上のように時間と空間をそれぞれの〈単位〉で考えると、隊列Bの先頭者は隊列Cの先頭者を〈通り越して〉隊列Cの二番手に衝突するということになる。隊列Bの先頭者と隊列Cの先頭者が衝突するには時刻「$\frac{1}{2}$」を考える必要があるが、時間の単位はそれ以上不可分であるから、そのような時刻は実在しない。そして時刻が実在しない以上、衝突という出来事も実在できない。こう考えれば、ゼノンが「不合理である」とした理由もうなずけるであろう。

しかるに、時間・空間は無限分割不可能である、つまりそれらは不可分の〈単位〉から成っているという前提から出発しても、運動を認めることは不合理であるということになった。これがゼノンによる「競技場の逆理」の、あくまでも一つの解釈である。

二つの逆理が示すこと

以上二つの逆理で展開された論理の構造を整理しよう。「矢の逆理」は「時間・空間の無限分割可能性」から運動の不可能性を導くというものであった。

時間・空間の無限分割可能性 ⇓ 運動の不可能性

逆に言えば、これを前述のように一つの背理法と見なすことによって（つまり、対偶をとることによって）、運動の可能性から時間・空間の無限分割不可能性を導いているとみることができる。

運動の可能性 ⇓ 時間・空間の無限分割不可能性

これに対して「競技場の逆理」は時間・空間の無限分割が不可能であるという前提から、運動の不可能性を導くというものであった。

時間・空間の無限分割不可能性 ⇓ 運動の不可能性

そして、これもまた先ほどと同じように、一つの背理法と見なせば、逆に、

運動の可能性 ⇓ 時間・空間の無限分割可能性

となっていることになる。

つまり、ちょっと信じられないような話であるが、「矢の逆理」と「競技場の逆理」を組み合わせると、時間・空間の無限分割が可能であるとしても、不可能であるとしても、いずれにしても運動は不可能だということになるのだ。そして、このことも背理法的に説明することができる。

実際、背理法の前提として、

運動は可能である

という（当たり前の）仮定から出発すると、「矢の逆理」は、

時間・空間を無限分割することは可能である

として矛盾を導くが、他方「競技場の逆理」では、

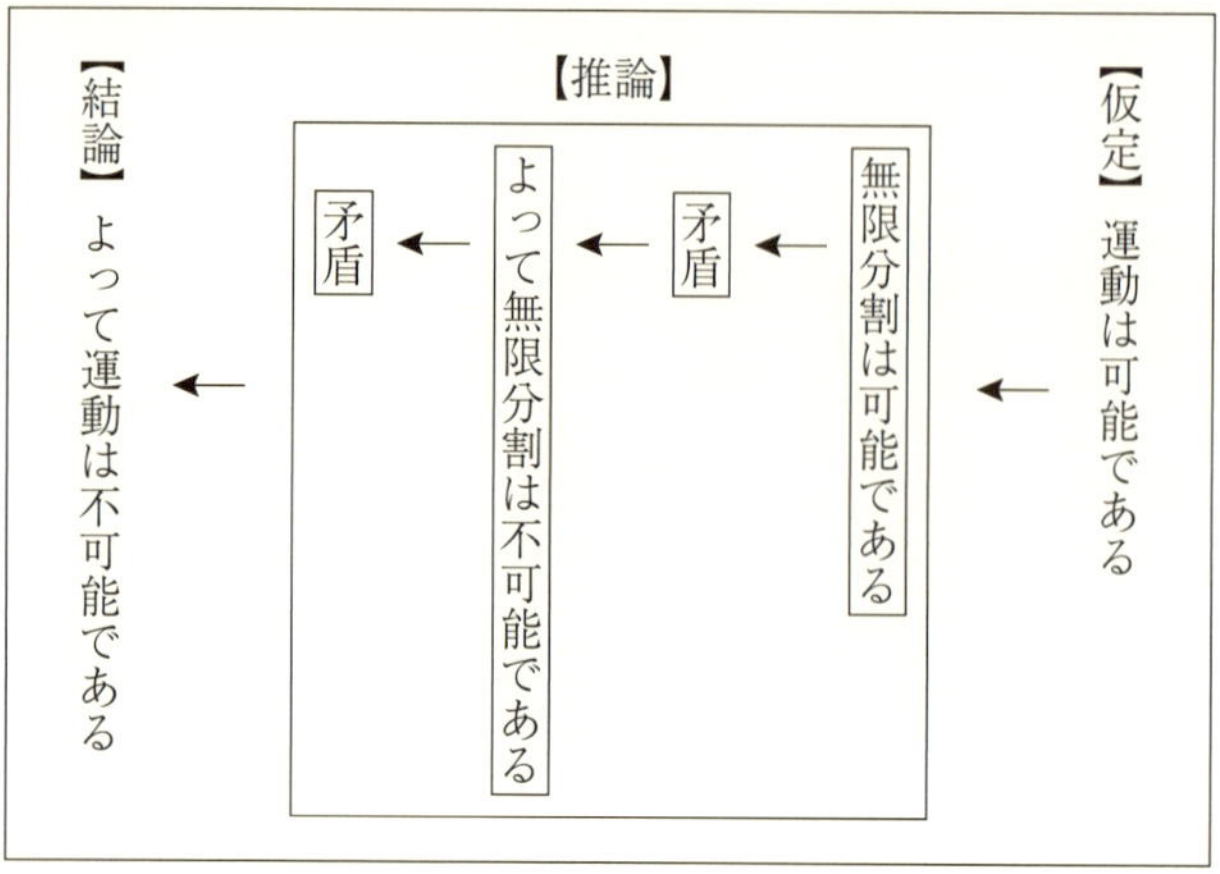

【仮定】運動は可能である
【推論】
無限分割は可能である
矛盾
よって無限分割は不可能である
矛盾
【結論】よって運動は不可能である

時間・空間を無限分割することは不可能である

と仮定して再度矛盾に達する。しかるに、最初に前提とした「運動は可能である」が否定されなければならない。したがって、

運動は不可能である

という（驚くべき）最終結論に到るというわけだ。

〈無限〉に対する恐怖

このようにして、〈連続〉の無限分割が可能であるとしても不可能であるとしても〈運動〉は不可能であるということになってしまった。以上の議論で展開してきた論理そのものが、ゼノンらエレア派が本当に意図したものであったかどうかはわからないが、いずれにしても多かれ少なかれこのような議論を通して、エレア派の人々は（運動・連続などの）

現実世界に観察される〈当たり前の〉存在様態と、人間の純粋で論理的な思考様態との間に避け難い不一致が存在することを明確に示したのである。このことの思想的な意義は非常に大きいものであっただろう。

エレア派はこの「現実の存在様態と論理的思考との不一致」に直面して、ためらうことなく論理的思考の道を選んだ。つまり、感覚的な現実世界のまやかしではなく、彼らの言う「真理の道」を進むことを、その厳格な二者択一に際して選択したわけだ。そのため、彼らは「運動」だけでなく、それに伴う現実の存在様態である「空間」や「時間」といったものの実在性まで否定することになる。〈ある〉のはただ一つの「存在＝一者」のみであり、それのみを〈ある〉とし、他を〈ない〉とする厳格な一元論が唱えられたわけだ。

エレア派のこのような思想のインパクトには非常に強いものがあったらしく、例えばプラトンやアリストテレスなどの古代ギリシャ哲学者の思想にも大きく影響している。彼らの主張がことごとくエレア派の教理に倣うわけでは決してないが、彼らが「存在」や「生成・消滅」、「運動」などといった概念にまつわる様々な問題を哲学における重要問題と位置づけているということ自体が、実はエレア派から引き継いだ遺産なのである。のみならず、エレア派のこのいささか過剰に厳しい存在論は、後のギリシャ数学の発展にも大きな影響を与えている。まずもって、エレア派の思想は「無限分割可能・不可能性」という二律背反に対する鋭敏さを数学者に植え付けることになったはずである。空間や時間は無限に分割できるとしてもできないとしても、現実的・直観的な世界像と合致させることはできない。有限の分割なら思考の世界と直観の世界は見事に一致する。しかし、〈無限〉を許してしまうといろいろな不合理に直面する。許すどころか、それについて考えてしまうだけで危険なのだ。言わば、思考の限界がここにあるらしい。エレア派の思想がもたらしたものは、このような「無限に対する恐怖」だったのである。

実数を数直線モデルで理解することに慣れてしまっている現代の我々は、実数全体からなる無限集合や、空間・時間の連続性などについてもエレア派ほど過激な思想を持つことはない。連続体の無限分割可能性・不可能性についても、現代の数学者たちはそれほど注意をはらうことはないし、ゼノンの逆理についても基本的には解決済みという立場をとる。

筆者も一数学者としての立場から言うとすれば、この〈解決済み〉という主張はもちろん正しい。しかし、その〈正しさ〉はあくまでも現代的な数学の枠組みにおける「様式化された正しさ」——あるいは第10章の言葉を先取りすれば「モデルとしての正しさ」——である。確かに、この枠組みは数学という成熟した学問における人類の英知の結晶であり、極めて自然であり美しいものである。そうではあっても、それが〈連続〉や〈無限〉に関する、ある種の信仰に基づいていることは否定できない。ダンツィクはこの点について、極めて辛辣だ。

宇宙のハーモニーはレガートというたった一つの形式しか持たないが、数のシンフォニーはその対極にあるスタッカートしか奏でない。この不一致を解消しようという試みはいずれも、スタッカートを速くするとレガートのように聞こえるかもしれないという希望的観測を根拠にしている。しかし、我々の知性は、決まってそうした試みにペテンの烙印を押し、そのような理論を無礼なものとして、あるいは逆の意味にねじ曲げて言い逃れようとする形而上学として拒絶する。

（トビアス・ダンツィク『数は科学の言葉』一六三頁）

その一方で、古代ギリシャの数学者たちはレガートとスタッカートを橋渡しする〈信仰〉を、その「基盤」世界に持つことができなかった。無限に対する恐怖感を払拭するための心理的基盤がなかったのである。彼らのこの〈無限〉に対する強いコンプレックスが、その後のギリシャ数学の発展に際して陰に陽に影響することになる。

第7章
無限の回避

円の面積

第3章でも触れたことであるが、円の面積は、

半径×半径×π

で与えられる。つまり、円の面積は半径を一辺とする正方形の面積の円周率π倍であるというわけだ。これは次のように言い換えてもよい。つまり、円の面積は、半径を高さとして円周の長さを底辺とする直角三角形の面積に等しい。図14に両者の図形（円と、その半径を高さとし円周を底辺とする直角三角形）を描いた。この図で見る限り、これら二つの図形の面積が等しいかどうかは一目ではわからないだろう。円の半径を高さとし円周を底辺とする直角三角形（図中の陰影

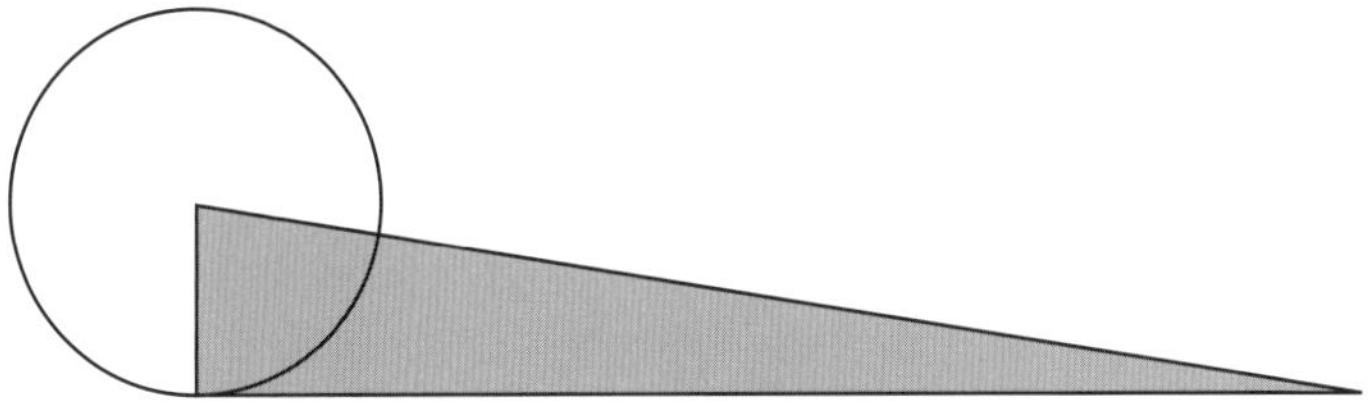
図 14　円の面積

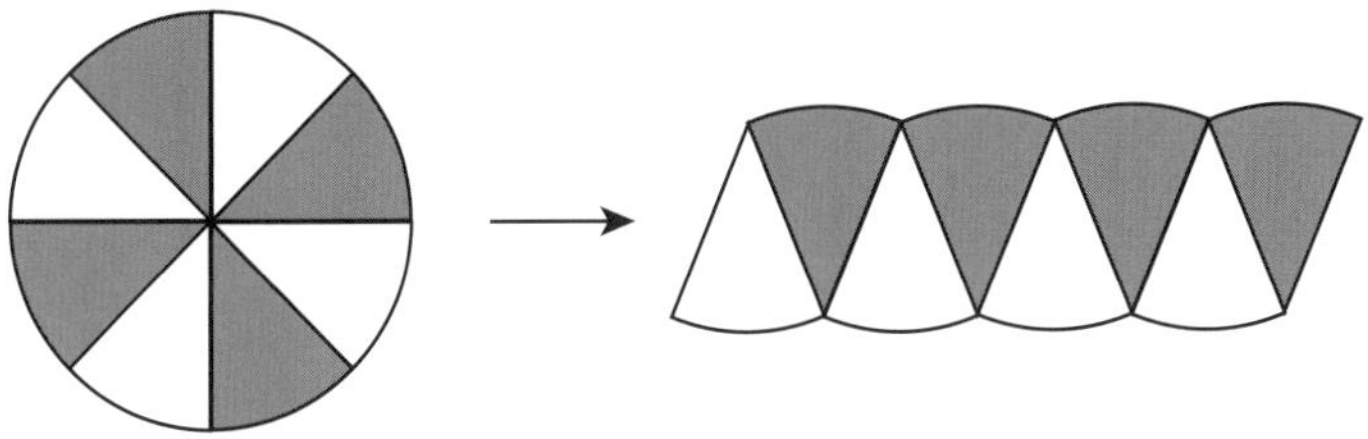
図 15　円の求積

付きの三角形〉を〈丸める〉と、図中の円に一致するというような感じもするが、あまりにも直観的過ぎて、すぐには判断できない。

これは次のように考えると理解しやすい。まず、図15の左側のように、円を等しい角度でいくつかの扇形に分割する。わかりやすいように、分割の個数は偶数とし、図のようにそれぞれ互い違いに色分けするとよい。次にこれらを一度バラバラにして、図15の右側のように互い違いに組み合わせる。こうして得られた図形は、その上下がデコボコに丸まっているが、それを無視すれば大体平行四辺形のようになっている。実際、分割の個数をどんどん大きくしていくと、そのデコボコは次第に解消され、平らな直線に近付いていく。その際、その〈平行四辺形〉らしき図形の左右の辺は次第に垂直に立っていく。したがって、〈極限〉においては、それは長方形となり、その高さは半径に等しく、底辺の長さは円周の長さの半分に等しい。しかるに、求める円の面積はその長方形の面積に等しく、それは半径に円周をかけて2で割ったもの、つまり半径を高さとし、円周を底辺とする三角形の面積に等しいということになるわけだ。

この説明はわかりやすい。しかし、ここで「極限においては」と言ったところが問題である。簡単に「極限」という言葉を用いたが、それは一体何を意味するのか？　実際、図15で見たように、扇形を組み合わせて作った図形そのものは長方形ではない。図では円を八等分して考えたが、分割の個数を大きくしていっても、そうしてできる図形は確かに長方形に〈近付いて〉いるように見えるが、しかし、長方形にぴったり一致するわけではない。それはどんなに分割を細かくしても同様である。いつまでたっても、それは「半径を高さとし円周の半分を底辺とする長方形」には決してならない。

そのような事情にもかかわらず、右の説明では気安く「極限」という言葉を用いた。あたかも扇形による分割を無限に細かくすれば、ちゃんと長方形が得られると言わんばかりである。しかし、この〈無限〉がくせ者だ。前章にも述べたように、「無限分割」は、たとえそれが可能であっても不可能であっても、様々に現実の存在様態との不整合を導くのであった。その意味で、円を扇形で〈無限に細かく分割する〉という考え方は危険だったはずだ！

アルキメデス『円の計測』

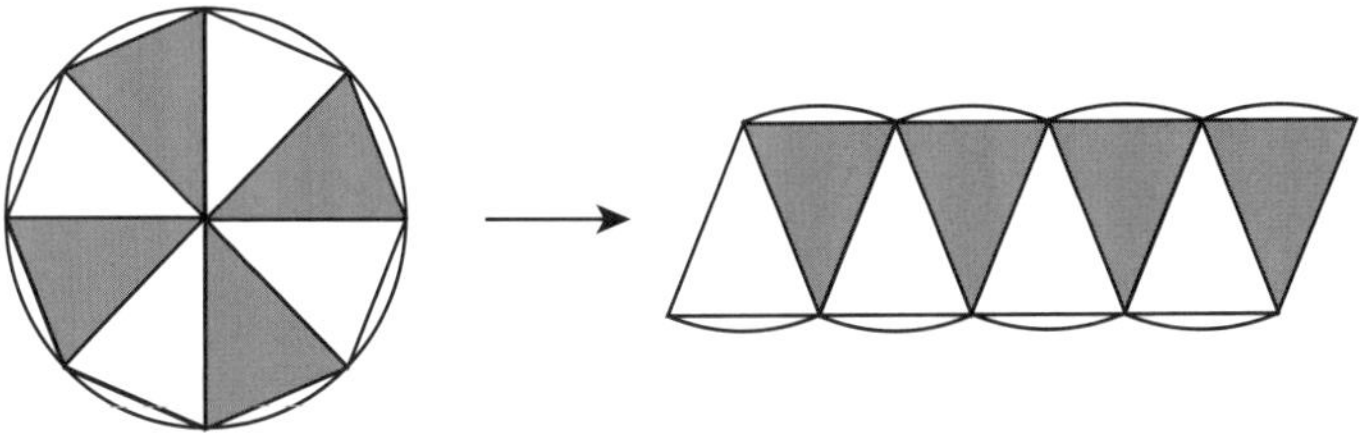

図16　正多角形による近似

それでもなお、この「円の面積公式」を証明した人がいる。それも二千年以上も前の人だ。しかも、前章の最後で述べたような〈無限〉に対する心理的抵抗感が非常に大きかったと思われる古代ギリシャ世界の数学者である。第3章でも述べたように、その人こそ紀元前三世紀に生きたシラクサのアルキメデスである。アルキメデスは『円の計測』という著作を遺しており、その最初の命題〈命題1〉において、このことは証明されているのだ。ちなみに、第3章で述べたアルキメデスによる円周率πの近似は、同じ著作の命題3で示されている。

アルキメデスによる証明においては、「極限」や「無限分割」といった言葉は一切使われない。実は有限分割だけで済まされている。では、そこにはどのような論証上のトリックが使われているのであろうか？　本書の中心テーマからすると非常に興味深いことに、実は背理法が巧みに利用されているのである。

アルキメデスの証明は、第3章でやったような「内接・外接正多角形による近似」という手法をとる。例えば、図16を見てほしい。図16の左では、円の中に内接する正八角形が描かれている。ここで、先に図15で行った扇形による分割をこの内接正八角形に制限すると、図のように8枚の二等辺三角形ができる。これを先ほどと同様に互い違いに組み合わせると、図16の右に示したように、今度は本当の平方四辺形ができる。

今回得られたのは本当に平方四辺形なのであるから、その面積は正確に計算できる。しかし、図からもわかるように、こうして得られた面積は、本当の円の面積よりも小さい。しかし、その差は内接する正多角形の辺の数を増やしていくと、どんどん小さくなっていく。アルキメデスによる証明は、このような事実に基づいたものである。

アルキメデスの公理

ここでアルキメデスによる証明の解説に入る前に、一つ押さえておきたいことがある。まず、何かの量を考えよう。それは数であっても、線分であっても、面積であっても、何でもよい。その量から半分以上（だが全部ではない）の部分を取り去ると、またそれは（同じ種類の）量となるが、これは前の量の半分以下である。こうして小さくなった量から、またその（全部ではない）半分以上の部分を取り去る。得られる量は、その直前の量の半分以下であり、始めの量の四分の一以下である。このようにして、与えられた量から次々に半分以上の部分を取り去ることを考える。この「半分以上を取り去る」という作業をどんどん繰り返していけば、その都度得られる量はどんどん小さくなっていく。そして、その「極限」においては、量はついに0になってしまう。

もちろん、最後の「極限においては」という言葉は気安く使ってはいけない。実際、それはまさに最初に与えられた量の「無限分割」を意味しているからだ。では、「極限」という言葉は用いないで、この「どんどん小さくなる」という事態をどのように表現すればよいだろうか。アルキメデスの頃の古代ギリシャ世界の数学者たちは、これに対して次のような表現を用いていた。つまり、「与えられたどんな量よりも小さくできる」というものである。

これをわかりやすく説明するために、もう一度最初から仕切り直そう。まず、AとBという二つの（0よりも大きい）量が与えられたとする。以下の想定では、BはAに比べて非常に小さい、という状況が感覚的には考えやすいが、もちろん、そうでなくてもよい。とにかく、AとBという二つの量を全く勝手に考えるのである。そうして、Bの方はそのままにして、Aの方を分割していく。Aからその（全部ではない）半分以上の部分を取り除き、さらにそこから（全部ではない）半分以上を取り除き……という具合に、どんどん取り去っていく。こうすると、いつかはBよりも小さくなる。つまり「半分以上を取り去る」という作業を何回か繰り返すと、得られた量はついには、勝手に与えられた（どんなに小さくてもよい）量Bよりも小さくできる。これが「与えられたどんな量よりも小さくできる」という言明の意味である。

もともとAがBより小さいのなら、もちろん「取り去る」必要はない。その場合は「取り去る」という操作の回数は0回でよい。しかし、そうでないなら1回以上はこの作業をしなければならない。しかし、いかなる場合も、Aがいかにとてつもなく大きくてBがとてつもなく小さい場合であっても、何回か「取り去り作業」をするとBよりも小さくできる。それが何回なのかはわからないし、場合によっては天文学的な回数だけ作業を繰り返さなければならないかもしれないが、しかし、いずれにしても必ず有限回の繰り返しの末にはBよりも小さくできるというのだ。このように考えれば、この言明が「どんどん0に近付く」という状況をうまく言い表したものになっていることがわかると思う。

さらに、ここで注意してほしいのは、右の「与えられたどんな量よりも小さくできる」という言明が、巧みに「極限」とか「無限分割」といった危険な言葉を回避していることにある。与えられた量Bよりも小さくするためには、Aの分割を恐ろしい回数繰り返さなければならないかもしれないが、しかし、必ず有限回で済む。つまり、有限分割しか用いていないところがポイントなのだ。

与えられたいかなる量も、ある一定以上の割合以上で次々に小さくしていけば、別に与えられたいかなる量をも下回ることができる。この〈小さくできる〉という言明は、逆にBの立場から見れば、どこまでも〈大きくできる〉というものに言い換えることができる。すなわち、任意に与えられた量AとBに対して、Bに自分自身以上の量を次々に加えていくことで、いつかは量Aを超えることができる。いかにAが大きくBが小さいという状況から出発しても、この「加える」という操作を何回か繰り返した暁にはAを超えられるというのだ。言わば「塵も積もれば山となる」というわけである。

最初の言明である、

いかなる量もその半分以上を取り除くという作業を何回か繰り返せば、与えられたいかなる量

よりも小にできる

は、実は『ユークリッド原論』では第十巻の命題1に述べられている。「命題」というからには、それは証明を伴ったものであるが、その『ユークリッド原論』における証明は同じ『ユークリッド原論』の第五巻における「比」の定義（定義4）に基づいている。そして、この比の定義は、エウドクソスの「比の理論」からの影響を強く受けていることが指摘されている。

エウドクソスはアルキメデスやユークリッドらが活躍した時代よりも少し前の紀元前四世紀頃の人で、ことにその「比の理論」で有名な数学者だ。第5章で述べた「通約不可能性」の発見は、線分などの量の比として整数比だけでは不十分であることを明らかにしたが、この発見によって、「比」に関してそれまで知られていた様々な命題の正しさが揺らぐ結果となった。エウドクソスはこれに対して、通約不可能な量をも含めた、より一般的な量の間の比をあつかうための画期的なアイデアを発見し、その数学的基盤を与えた。エウドクソスの「比の理論」は、その後『ユークリッド原論』の第五巻に収録されるに到る非常に重要なものであり、〈連続〉や〈無限〉といったアポリアとも密接に関わる理論である。

さて、アルキメデスはエウドクソスの比の理論や、その応用である「取り尽くし法」と呼ばれる方法を縦横無尽に使いこなした人であるが、彼はその基本命題の一つである先の命題（『ユークリッド原論』第十巻命題1）が、我々が右に述べた二つ目の言明、

いかなる量も自分自身以上の量を加えていくという作業を何回か繰り返せば、与えられたいかなる量よりも大にできる

と等価であり、これを「比の理論」の基本原理と考えることができることを指摘した。前者の言明に対して後者はあまり意識されにくく、暗黙のうちに使われてしまう傾向にあるが、アルキメデスはそれが重要な原理であるということを明確に述べたのである。そのため、この後者の命題は「アルキメデスの公理」と呼ばれている。それは命題というより、「比の理論」や「取り尽くし法」など、当時の最先端の数学理論・技術のための第一原理と見なせるものであり、その意味で「公理」と呼ばれているわけだ。

算数を習いたての小学生は、最初はとてつもなく大きな数というものを理解できない。〈数〉には限りがない、ということがなかなか理解できないのだ。とてつもなく大きな数も、さらそれより大きな数があるということも、そして数には限りがないということも、それなりに抽象度の高い数認識に基づいている。1、2、3……と数えていっても限界はない、という認識は、ある意味〈無限〉との最初の出会いである。「塵も積もれば山となる」は、その「限りなさ」への日常的言明であるし、アルキメデスの公理はその数学的にクリアな定式化である。アルキメデスは別の著作『砂を数える人』の中で、全宇宙に存在する砂粒の個数を数えるという試みをしている。全宇宙どころか地球上においても、砂粒の個数など、それこそ「数えきれない」という意味で無限のように思われるだろう。しかし、その個数も何らかの数なのであり、しかも有限の数である。

どんなに大きくても数は数であり、しかも有限の数だ。一見当たり前にも見えるが、日常的には意外に意識されていないこのような〈数〉についての抽象的な事実を、「アルキメデスの公理」は明確に言明しているのだ。これは発見というよりは一種の〈啓蒙〉なのであり、それまで無意識的に認識されていたことを、意識の地平に持ち上げたのである。

正多角形による近似

話がいささか脇道にそれたので元に戻そう。円の面積公式を証明することが本題であった。示すべきことは、円の面積は、半径を高さとし円周を底辺とする直角三角形の面積に等しいこと、言い換えれば、半径を高さとし円周の半分を底辺とする長方形の面積に等しいことであった。これを証明するためのアルキメデスの作戦は、先にも述べたように、円を外接・内接正多角形で近似していくというものである。

例えば、先に図16に示したように、内接正八角形を考え、その各辺と半径からなる八個の三角形を互い違いに組み合わせれば、図16の右に示したような平行四辺形ができる。これは図からもわかるように、円そのものの面積よりは明らかに小さいが、内接正多角形の辺の個数を増やしていけば、次第に「半径を高さとし円周の半分を底辺とする長方形」に近付いていく。まず、最初に考察するべきことは、この「近付く」という現象を、もう少し正確に把握することである。

そこで内接正多角形を正八角形から正十六角形、正三十二角形、正六十四角形……というように、次々に2倍していくことを考える。アルキメデス自身は内接正方形から始めて同様に辺の数を倍々にしているから、これは我々のやりかたと同等である。このとき、円の面積とこれら内接正多角形の面積との差は次第に減少していくと考えられるが、その減り方はどうなっているだろうか。これらの内接正多角形の面積は、とりもなおさず、その各辺と円の半径からなる三角形を互い違いに組み合わせて作った平行四辺形の面積に等しいのであるから、右の「減り方」を調べることは、つまり、これらの平行四辺形が「半径を高さとし円周の半分を底辺とする長方形」に近付いていく様子を記述することに他ならない。

そこで図17を見てほしい。この図には、ある段階から次の段階へ内接正多角形の辺の数を2倍する状況を、一つの辺の部分に限って描画されている。辺の数を2倍するときは、各辺の上にある円弧（図17では弧ＢＡＣ）の中点（図17では点Ａ）をとり、それらの中点を新たに頂点に加えて内接正多角形を作る。図17の状況ではＢＡとＡＣが新たな辺であり、これらによって辺の個数が2倍の新たな内接正多角形が構成される。

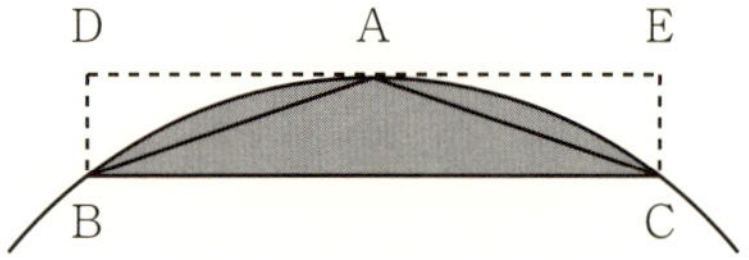

図17　内接多角形による分割

この作業で内接正多角形の面積は、辺ＢＣの部分だけ見ると、三角形ＡＢＣの分だけ増えている。もともと円の面積と内接正多角形の面積の差は弓形ＡＢＣ（図17の陰影部）の分（正確には、それにもとの内接正多角形の辺の個数をかけた分）だけあった。辺の個数を2倍にすると、円の面積との差は辺ＢＡの上の弓形と辺ＡＣの上の弓形をたしたものになるわけだから、その差は確実に減っている。さらに言えば、その差はもとの半分より小さくなっているのだ。これを見るのは難しくない。実際、右の作業は問題の差（弓形ＡＢＣ＝図17の陰影部）から三角形ＡＢＣを取り除いたわけだが、三角形ＡＢＣの2倍は（図中点線で示した）長方形ＤＢＣＥである。弓形ＡＢＣは明らかにこれよりも小さい。よって、弓形ＡＢＣから三角形ＡＢＣを取り去ることは、これから半分以上の部分を取り去ることになっている。

以上は、一つの辺の部分にだけ注目して行った考察であるが、どの辺の上でも同様のことが起こっているのであるから、これより次のことがわかる。すなわち、各段階で内接正多角形の辺の個数を2倍することで、円の面積との差はその半分以上が取り除かれる。これは前述した「極限においては0になる」といういささか危なっかしい言い方の、古代ギリシャ人流のうまい言い換えに見事に合致したものになっていることに気付くであろう。

アルキメデスによる証明

以上を踏まえて、アルキメデスによる証明は次のように述べられる。今、半径を高さとし円周を底辺とする直角三角形の面積、言い換えれば、半径を高さとし円周の半分を底辺とする長方形の面積をＫとする。示したいことは、

円の面積はＫに等しい

ということである。これを示すために、アルキメデスは背理法を用いる。つまり、まず、

円の面積はKに等しくない

と仮定するのである。そして、以下のような「虚構の推論」を展開する。そして、実はその「虚構の推論」の中でも、入れ子の形で背理法が用いられる。その意味では、この証明の構造はちょっと複雑なのだ。証明の構造については、後でしっかり復習するとして、まずはその証明の議論を追いかけてみよう。

円の面積がKに等しくないなら、それはKより大きいか、あるいは小さいかのどちらかである。重要なことは、このどちらか一方のみが成立するはずであり、両方が同時に成り立つことは決してない。Kより「大きく、かつ、小さい」ということはあり得ないのである。

では円の面積の方がKよりも大きいとしてみよう。このとき、円の面積からKを引いた差を考えることができる。この差をBとしよう。Bはとてつもなく小さいかもしれない。しかし、それは0より大きな量である。

さて、右で考察したように、円の内接正多角形の辺の数を倍々にしていくことにより、円の面積との差がどんどん小さくするようにできる。始めに内接正八角形から始めたとして、そのときの差（円の面積から内接正八角形の面積を引いた差）をAとする。前に見たように、辺の数を2倍するという各ステップにおいて、差Aはその半分以上が取り除かれるのであった。よって、先

に『ユークリッド原論』第十巻命題1として紹介した、

いかなる量もその半分以上を取り除くという作業を何回か繰り返せば、与えられたいかなる量よりも小にできる

によって、いずれこの差はBを下回る。言い換えれば、内接正多角形の辺の数を十分大きくすれば、その面積は円の面積との差がBより小さくなるわけだ。これは同時に次のことを意味する。今考えた（辺の数が十分大きい）内接正多角形の面積は、今までも再三見てきたように、確かに円の面積よりは小さいのであるが、その差はBよりも小さいわけであるから、実はKよりも大きい。なにしろ、Bとは円の面積からKを引いた差に他ならなかったからである。

しかし、ここでおかしなことが起こっていることに気付く。というのも、今考えている内接正多角形を、今までやってきたように、各辺と半径からなる三角形にバラバラに分解して改めて互い違いに組み合わせると平行四辺形ができあがるが、その面積は「半径を高さとし、円周の半分を底辺とした長方形」の面積、つまりKよりは小さくなければならない。実際、図16の右に示したように（今の場合は、三角形の数は8個よりももっと多いかもしれないが）、その平行四辺形はほんの少しでも（右側に）傾いているので、高さは半径より小さいし、ほんの少しであっても上下の丸いデコボコの内側にあるから、その底辺は半径の半分より小さい。よって、その面積もKより小さいはずなのである。

つまり、今考えている内接正多角形の面積はKより大きく、同時にKより小さくなければならない。これは明らかに矛盾である。この矛盾は、先に「円の面積の方がKよりも大きい」としたことから起因しているので、ここで最初の背理法により「円の面積はKよりも大きくない」ということになる。しかし、今我々は「円の面積はKに等しくない」という大前提の下に議論しているのであるから、よって「円の面積の方がKよりも小さい」としなければならない。

そこで、今度は（今までとは逆に）Kから円の面積を引いた差をBとする。Aの方としては、今までは円の面積と内接正八角形の面積との差を考えたが、今度は外接正八角形の面積と円の面積との差をAとするのである。こうして、外接正多角形の辺の数を次々に2倍して、基本的には上と同様の議論をすることになる。議論の詳細は省略する（腕に自信のある読者は、自身で考えてみられるとよい）が、このようにしてまたしても矛盾が導かれる。

以上で、円の面積がKよりも大きいとしても小さいとしても矛盾が導かれることになった。これはそもそも「円の面積はKに等しくない」という仮定から起こった矛盾なのであり、背理法からそれは否定される。つまり「円の面積はKに等しい」ことになるわけだ。

証明の構造

以上で証明は終わったのであるが、この証明は論理構造の上でいささか複雑なものであった。多少、混乱された読者もいるかもしれないので、ここでその構造だけを抽出して概観してみよう。

実は、この証明は前章で「矢の逆理」と「競技場の逆理」の組み合わせから「運動の不可能

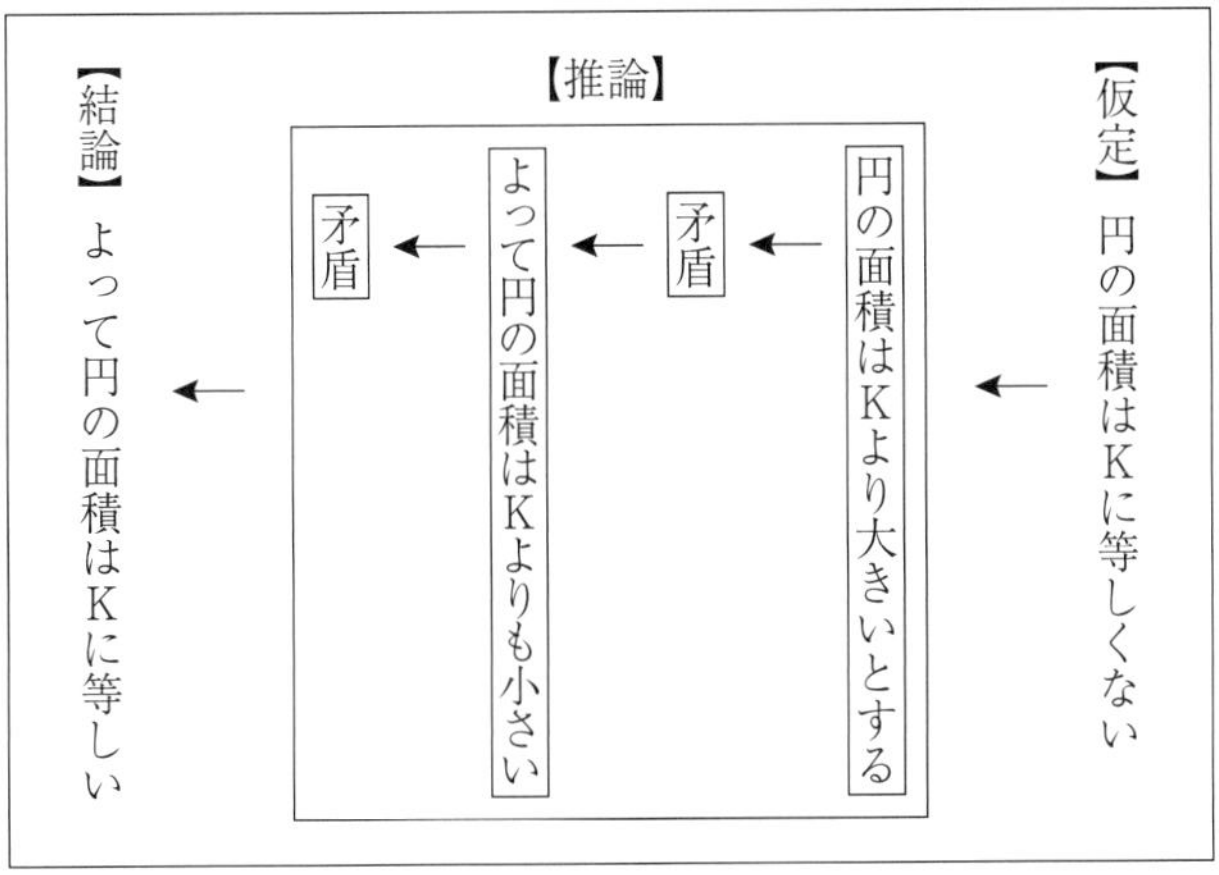
【仮定】円の面積はKに等しくない
【推論】
円の面積はKより大きいとする
矛盾
よって円の面積はKよりも小さい
矛盾
【結論】よって円の面積はKに等しい

性」を導いたときと同じ構造をしているのだ（上の囲みを参照）。証明は、まず全体として一つの背理法となっている。全体像だけ言えば、それは、

【仮定】円の面積はKに等しくない

と仮定して推論し、矛盾を導くことによって、

【結論】円の面積はKに等しい

という結論に到る。問題は、その「推論」の部分であるが、この内部にも一つの背理法がある。それは、

【仮定】円の面積はKよりも大きい

として矛盾を導き、それによって、

【結論】円の面積はKよりも小さい

を導くという部分である。つまり、背理法の中の「虚構の推論」の中に、もう一つの背理法が入れ子になっているわけだ。そこでの推論は、したがって〈虚構の中の虚構〉ということになるだろう。そして、実はその結論「円の面積はKよりも小さい」からもやはり矛盾が導かれる。これをもって全体の議論が破綻していることがわかり、一番最初に仮定した大前提「円の面積はKに等しくない」が否定されるということになる。

取り尽くし法

以上、アルキメデスによる円の面積公式の証明を概観した。このように内接・外接正多角形などによる近似を用いて、その近似を次々に良くしていくことで、図形の面積や体積を求めるという方法は「取り尽くし法」と呼ばれ、円の面積のみならず、すでに古代ギリシャの頃でも様々な図形に応用されてきた。ただし、ここで注意しなければならないのは、この「取り尽くす」ということが安易に〈極限〉的な意味で考えられている限り、無限分割の可能・不可能性というジレンマから抜け出せないということだ。これを避けて、あくまでも有限分割だけで済ませるためには、我々が右で検討したアルキメデスの証明のように「背理法」が不可欠となる。無限分割を避けて、しかも単なる近似でない厳密な等式を導く。そのために背理法を上手に運用しているのである。

このような、背理法を用いた取り尽くし法の運用の数学的基盤を最初に作ったのは、先にも触れたエウドクソスである。エウドクソス自身も、すでにこの方法を様々な図形に応用している。例えば、角錐の体積は同じ底面を持ち同じ高さの角柱の体積の $\frac{1}{3}$ 倍であるが、この事実もエウドクソスによって取り尽くし法を用いて証明された。また、この方法は『ユークリッド原論』の中にも引き継がれ、例えばその第十二巻命題2では「二つの円の面積の比は、その直径の比の2乗に等しい」ことが、やはり取り尽くし法を用いて見事に証明されている。

　さらに、この章で紹介したアルキメデスは、円の面積だけでなく、他にも多くの見事な応用を遺している。例えば、球の体積は半径の3乗に円周率をかけたものの $\frac{3}{4}$ 倍に等しい。これは次のようにも言い換えられる。球の体積は、それが内接する円柱の体積の $\frac{2}{3}$ 倍である（図18参照）。この美しい事実はアルキメデス本人も大変気に入ったらしく、図18のような図を彼自身の墓に刻み込むように希望したということであるが、これもやはり、右で我々が見た円の面積公式と同様に、背理法を織り込んだ取り尽くし法によって証明されている。

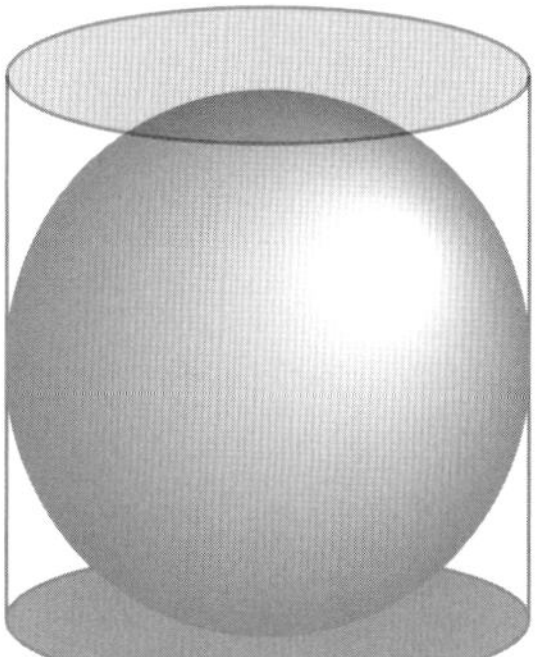

図18　球と円柱

　これらの事実からもうかがえるように、取り尽くし法は非常に便利で強力な証明技法であり、これを用いて古代ギリシャの数学は類い稀な進歩を遂げたのである。

「アキレスと亀」の逆理

エウドクソスの取り尽くし法は、このように極めて強力な方法であり、その応用であるアルキメデスによる円の面積公式の証明はまことに見事なものである。実質上は限りなく多くの辺を持つ内接・外接正多角形での近似という考え方に基づいていながら、その議論からは無限分割が巧みに回避されているからだ。これはある意味、エウドクソスやアルキメデスといった古代ギリシャの第一級の数学者たちの強い意志、「無限分割」という物議を醸す議論は避けなければならないというはっきりとした意図の顕われであるし、その背景には前章で述べたような〈無限〉に対する恐怖と言ってもよいであろう強い心理的抵抗感があったものと推察されるわけであった。

しかし、その一方で、これはあくまでも問題の回避なのであって、無限分割の可能・不可能性という問題、前章の言葉を使えば「現実の存在様態と論理的思考との不一致」という問題に対する解答なのではない、ということには注意する必要がある。次にこれを明らかにしてみたい。

先に見たアルキメデスによる証明の中で、特に無限分割というアポリアとの関連からも最も本質的だったポイントは、「限りなく小さくなる」、あるいはもう少し不注意な言い方では「極限において0になる」という内容を、

> いかなる量もその半分以上を取り除くという作業を何回か繰り返せば、与えられたいかなる量よりも小にできる

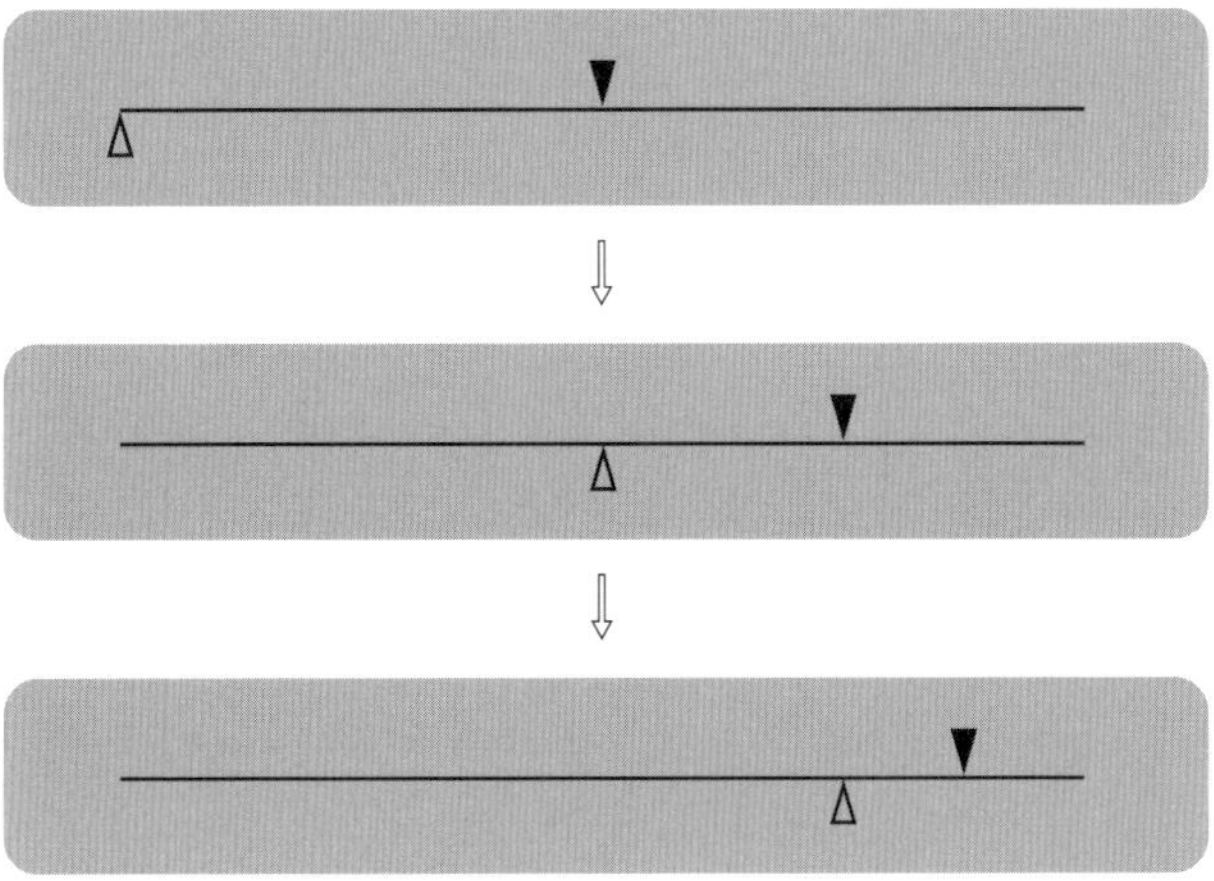

図19　アキレスと亀

という言明に言い換えていることにあった。実はこの言い換えこそが、問題の巧みな〈すり替え〉なのだ。これはエレア派のゼノンによるもう一つの逆理、いわゆる「アキレスと亀」の逆理として有名なものに当てはめて考えてみるとよくわかる。

「アキレスと亀」の逆理は非常に有名であり、よく知っている読者も多いと思われるので、ここではその簡単な説明を与えるに止めよう。ある距離――簡単のため、適当な距離の単位を用いて距離1とする――をアキレスと亀が競争する。アキレスは足が速く、亀は遅いので、ハンデとしてアキレス（図19の白三角印）はスタート地点から普通に、亀（図19の黒三角印）は全行程の半分の地点からスタートする。図19の一番上が、スタート時点での状態である。この状態からアキレスは速度1で右方向に、亀は速度$\frac{1}{2}$で同じく右方向に走り出す。時間が1過ぎると、両者は同時にゴールするはずである。つまり、この競争は「引き分け」となるはずだ、というのが我々の直観に沿った現実の存在様態である。

しかし、ゼノンは次のように議論することで、ここにも現実の存在様態と論理的思考の間にデリケートなギャップがあることを明らかにする。まず、時間 $1/2$ が過ぎた状況を考える（図19の二段目）。このとき、アキレスは距離 $1/2$ の場所にいるが、アキレスがそこにたどり着く間に、亀の方も少し進んでいる。具体的には、スタート地点から距離 $3/4$ の場所にいる。アキレスがその亀の場所にたどり着くのは時刻 $3/4$ のときであるが、このときもまた亀は少しだけ進んでいて、距離 $7/8$ のところにいる（図19の一番下）。アキレスがその場所に着いたとき（時刻 $7/8$）も、亀はさらに進んで距離 $15/16$ のところにいるのだ。このような状況はその後も変わらない。亀がいた場所にアキレスがたどり着いてみると、亀はそれより少しだけ前を走っている。それはゴールするまで変わらない。つまり、アキレスは亀に追いつくことができない、というわけである。

要約すれば、この逆理の逆理たる所以を図式化すると、

現実の存在様態——アキレスは亀に追いつける
論理的思考————アキレスは亀に追いつけない

ということになるわけだ。アキレスは亀に限りなく近付いている。つまり、アキレスと亀の距離

は「限りなく小さくなる」のであり、「極限においては0になる」。しかし、それはあくまでも〈極限〉という少々危なっかしい状況での話なのであって、そうでなければアキレスは亀に追いつけないのだ。ここで問題になっていることが、必ずしも自明なことではないことを理解するには、例えば、このストーリーを円の正多角形による近似に当てはめて考えればよい。円周率の計算（第3章）やアルキメデスの証明の議論のときのように、円を内接正多角形で近似すると、辺の数を多くすれば多くするほど、それは実際の円に近付いていく。しかし、それはいつまでたっても円に〈追いつけない＝一致しない〉のだ。しかるに、アキレスと亀がゴール地点において一致するのは〈極限〉の状況においてであり、それを右の論理的思考の文脈で理解するには、時間や距離を「無限分割」しなければならない。

では、ギリシャ人たちによる〈上手な言い換え〉、つまり「いかなる量もその半分以上を取り除くという作業を何回か繰り返せば、与えられたいかなる量よりも小にできる」という言明は、これに対して何らかの解答を与えるだろうか？

アキレスと亀の距離は、スタート時点では$1/2$であった。それが図19の二段目では$1/4$になり、図19の三段目では$1/8$になる。その次の段階（時刻$7/8$）ではアキレスと亀の距離は$1/16$である。このように、アキレスと亀との間の距離は段階毎にちょうど半分ずつになっていく。これは両者の距離という量からちょうど半分ずつ取り除いていくという作業と、数学的には同等だ。だから、ギリシャ人たちの言明によれば、それは与えられたどんな（に小さい）距離よりも小さくすることができる、ということになる。

しかし、ギリシャ人たちの言明が主張できるのはこれだけだ。それはどんな距離よりも小さくなる、と言っているだけで、我々の疑問には何ら答えていない。アキレスが亀に追いつけるのか、それとも追いつけないのかについては全く何も語っていないのだ！

計算と論理

では、どうしてこの言い換えが——アルキメデスが証明したように——円の面積公式のような〈極限的〉な状況について何かを語ることができるのか？　それはもちろん、背理法という論理的な技法が組み合わされているからである。

拙著『数学する精神』の第2章でも述べたように、「アキレスと亀」の逆理におけるジレンマの本質は、

$$\frac{1}{2}+\frac{1}{4}+\frac{1}{8}+\frac{1}{16}+\frac{1}{32}+\cdots=1$$

という〈式〉の是非にある。そして、そこでも述べたように、これは高校数学にも出てくる「等比級数の和の公式」の特別な場合であり、現代的な極限の考え方に基づいて、広く認知されている等式なのであった。この式の左辺は、$1/2$から始めて、それを次々に半分にして加えていくというものである。言わば〈無限個の数のたし算〉なのであるが、もちろん、無限個の数をたし合わせるなどということを、我々は直接計算で実行することはできない。かと言って、有限個で

計算を止めてしまったら、それは決して右辺の1に等しくはない。直接には絶対できない計算によって「1」という答えが出る、というある意味奇跡的な式なのである。

もちろん、この等式も我々は「証明」することができる。そして、その証明はアルキメデスたちがやったような方法で与えることができるのである。まず、この等式が成立しないこと、すなわち、

$$\frac{1}{2}+\frac{1}{4}+\frac{1}{8}+\frac{1}{16}+\frac{1}{32}+\cdots$$

が1に等しくない、と仮定する。そうすると、これは1より小さいことになる（大きいと思う人はおそらくいないだろう）。そこで、その差をBとしよう。ところで、この無限の項の式を有限で切って、$\frac{1}{2}+\frac{1}{4}$まで計算する、$\frac{1}{2}+\frac{1}{4}+\frac{1}{8}$まで計算する、$\frac{1}{2}+\frac{1}{4}+\frac{1}{8}+\frac{1}{16}$まで計算する…というように、計算する項の数を増やしていくと、これらと1との差は$1/4$、$1/8$、$1/16$…というように半分半分になっていく。よって、その差はいつかはBを下回る。しかし、有限項で切ったときの値は、もとの〈無限項の和〉より明らかに小さいはずである。しかるに矛盾となり、もともと「1と等しくない」とした仮定が否定され、「1に等しい」という結論を得る。

これにて一件落着、と言いたいところだ。しかし、我々は「$\frac{1}{2}+\frac{1}{4}+\frac{1}{8}+\frac{1}{16}+\frac{1}{32}+\cdots=1$」という等式を計算したのではなく証明したのだ、という事実は無視できないこととして残るのである。我々はそれを直接には計算できなかった。それもそのはずで、なにしろ無限個の数のたし

算など、現実に実行できるはずがないからである。直接計算できないとなると、そこには何らかの洞察が入ってこなければならない。ここでは背理法を伴った「取り尽くし法」という、多少なりとも大がかりな証明技法を用いたのであった。それは確かに自然な方法だったのかもしれないが、それでもなお、直接に計算することとの間の乖離には甚だしいものがある。

言うなれば、直接計算できる、

$$\frac{1}{2}+\frac{1}{4}+\frac{1}{8}=\frac{7}{8}$$

のような等式と、直接計算できない、

$$\frac{1}{2}+\frac{1}{4}+\frac{1}{8}+\frac{1}{16}+\frac{1}{32}+\cdots=1$$

においては、その〈正しさ〉の意味が異なっているのだ。前者はなにしろ直接に計算できるのであるから証明は必要ない。論理ではなく、計算だけの問題だ。しかし、後者の〈正しさ〉は証明しなければならなかった。そして「証明」というからには、証明という儀式を執り行うための綿密な準備と巧妙な論理技法が必要となる。その意味で、両者の〈正しさ〉の背景にあるものは、全く異なっている。

計算できない〈正しさ〉を「証明」によって留保するという場合、もちろん我々はその証明が成立するための「基盤」世界の中に住んでいなければならない。これは第2章の終わりに述べた「三要素」の一つであったことを思い出そう。そして、先に挙げた二つの等式の〈正しさ〉の違いは、まさにそれらが要求する基盤世界が異なっていることにある。「$\frac{1}{2}+\frac{1}{4}+\frac{1}{8}=\frac{7}{8}$」は直接計算できるから、「数」という普遍語を理解する人ならだれでも理解することができる。ソクラテスが僕童に教え込むのもさぞかし容易であろう。しかし、「$\frac{1}{2}+\frac{1}{4}+\frac{1}{8}+\frac{1}{16}+\frac{1}{32}+\cdots=1$」についてはなかなかそうはいかない。それを先に与えたような証明によって僕童にも理解させるには、取り尽くし法の原理や背理法という論理技法を用いることのできる基盤世界に僕童を誘うことが、まずは必要だろう。もちろん、これらの原理・技法はそれなりに自然なものであるから、根気強く教え込めば僕童が理解するのも難しくはないかもしれない。しかし、それでもなお、それは〈信じる〉という種類の精神的努力に訴えかけなければならないことであるのは確かである。なぜなら、〈無限〉は直接的に、現実的に計算したり見たりすることができないからだ。その意味で、この無限についての正しさも、〈無限〉についてのある種の〈信仰〉という「基盤」に立脚した「様式化された正しさ」に他ならないのである。

取り尽くし法の基本原理「いかなる量もその半分以上を取り除くという作業を何回か繰り返せば、与えられたいかなる量よりも小にできる」も、それと等価であったアルキメデスの公理「任意に与えられた量AとBに対して、Bに自分自身以上の量を次々に加えていくことで、いつかは量Aを超えることができる」も、それを信じるためには数についての抽象的な認識がなければならなかったことを思い出してほしい。実際、算数を習い立ての小学生は、それを〈信じる〉ことがなかなかできないであろう。また、背理法といういささか間接的な証明技法を用いているところも、この基盤世界をハードルの高いものにしている。実際、それは「否定の否定は肯定」という論理のドグマに依拠しているが、このような白黒はっきりさせる思考様式が現実とはなかなか相容れないものであることは前章で述べた通りである。

何らかの意味で〈無限〉を孕んだ等式、例えば円の面積公式のように「無限分割」が関係するものや無限級数の和のような等式は、直接に計算することができない。このような等式に直面したとき、エウドクソスやアルキメデスら古代ギリシャの数学者たちは、その〈無限〉に対する（おそらくは時代思潮に影響された無意識的な）強い心理的抵抗感から、〈無限〉を回避する道を選んだ——というより、そうせざるを得なかった。そして、そのため背理法による証明というやり方を開発したわけだ。つまり、計算を証明で置き換えたのである。第5章の終わりに述べたように、彼らは「証明はしたが計算はしなかった」わけだ。おそらく、彼らには無限を孕んだ等式を「計算で導く」という発想はなかったものと思われる。そして、次章以降で検討されるように、これが古代ギリシャでは微分積分学が発見されなかった要因の一つと考えられるのだ。

第8章
伝統のブレンド

現代数学への道

本書では今まで、数学における〈正しさ〉とは何かという問いを中心テーマに据えながら、特に「証明」による議論のスタイルについて様々な角度から考察してきた。「証明」とは、少なくとも近代西洋数学や現代数学においては「正しさを確信させるための方法」としてほとんど唯一の方法であり、「証明」こそが数学であるとまで認識されるに到っている。しかし、今までの議論が明らかにしてきたように、この一見普遍的とも思われる方法論も、歴史的には一つの地域的な伝統から始まったものであり、その始まりにはおそらくその当時の宗教に深く影響された時代思潮があったものと思われる。そして、「証明」という方法で数学を演繹的に組み立てるという伝統が古代ギリシャ世界で始まったことを反映して、我々の〈正しさ〉に対する考察も、古代ギリシャの数学や哲学に関するものが多かった。

しかし、ここで我々の目を他の地域や他の時代にも向けてみよう。そのために、まず数学の歴史を大きな時代スパンで大雑把に概観してみようと思う。そうすることで、古代ギリシャ数学や今までそれについて述べてきた事柄の歴史的位置づけや、現代数学との関係などについても一定の理解が得られるものと期待されるからである。

図20に、大まかな数学の地域的伝統とそれらの間の相関図を示した。大雑把に言って、この図は下から上に向かって時代が新しくなっているが、それぞれのボックスの大きさは必ずしも時間や地域の大きさを表したものではない。またそれらの上下関係、位置も時系列的に正確なものではない。図中の矢印は知識の流出・流入による影響を表しているが、おそらく知識の伝播などの交流は古くから行われていた。そのため、矢印で示したものより他にも、何らかの意味で関連しあっていると思われるもの同士は点線で結んである。また、図を見るとアラビア数学やインド数学、中国数学、さらに和算などは、近代西洋数学から発展した現代数学にすっかり取って代わられ、伝統が吸収されてしまったかのような印象を受けるが、これについても多少注意が必要である。

とは言っても、現代において一つのまとまった学問として世界中に広まり、あたかも地域的特異性を超えた普遍的なものとして認知されている「現代数学」が、各々の地域的伝統の公平・平等な総合ではなく、ひとえに近代以降の西洋数学による席巻という形になっているのは争えない事実である。先にも触れたように、例えば江戸時代の和算は、同時代の西洋数学に比べても、必ずしも決定的な遅れをとっていたというわけではなく、むしろ非常に高度で洗練されたものであったが、明治維新以後の西洋的学問流入の中で、事実上忘れ去られる結果となった。また、アラビアや中国の数学についても、ある程度同等のことが言える。特に中国数学は、少なくともその出発点である古代文明期の直後までは、他の文明における数学に比べても極めて高度なものであったし、またインドの数学は「0の発見」にも象徴されるように、古代・中世期を通じて少なからぬ影響力を誇っていた。

それにもかかわらず、歴史的事実としては、一つの地域の数学的伝統——それも、他の地域の数学に比べてはるかに若い伝統——に過ぎない「近代西洋数学」が、世界の数学シーンを席巻することとなった。ここでもちろん、基本的な問題として「なぜ西洋数学ばかりが他の地域を席巻し、一つの〈世界数学〉として君臨できるに到ったのか?」という疑問が生じる。逆に、例えばなぜ日本の和算やインド数学が西洋数学をも打ち負かし、世界を席巻することにはならなかったのか? そこには何

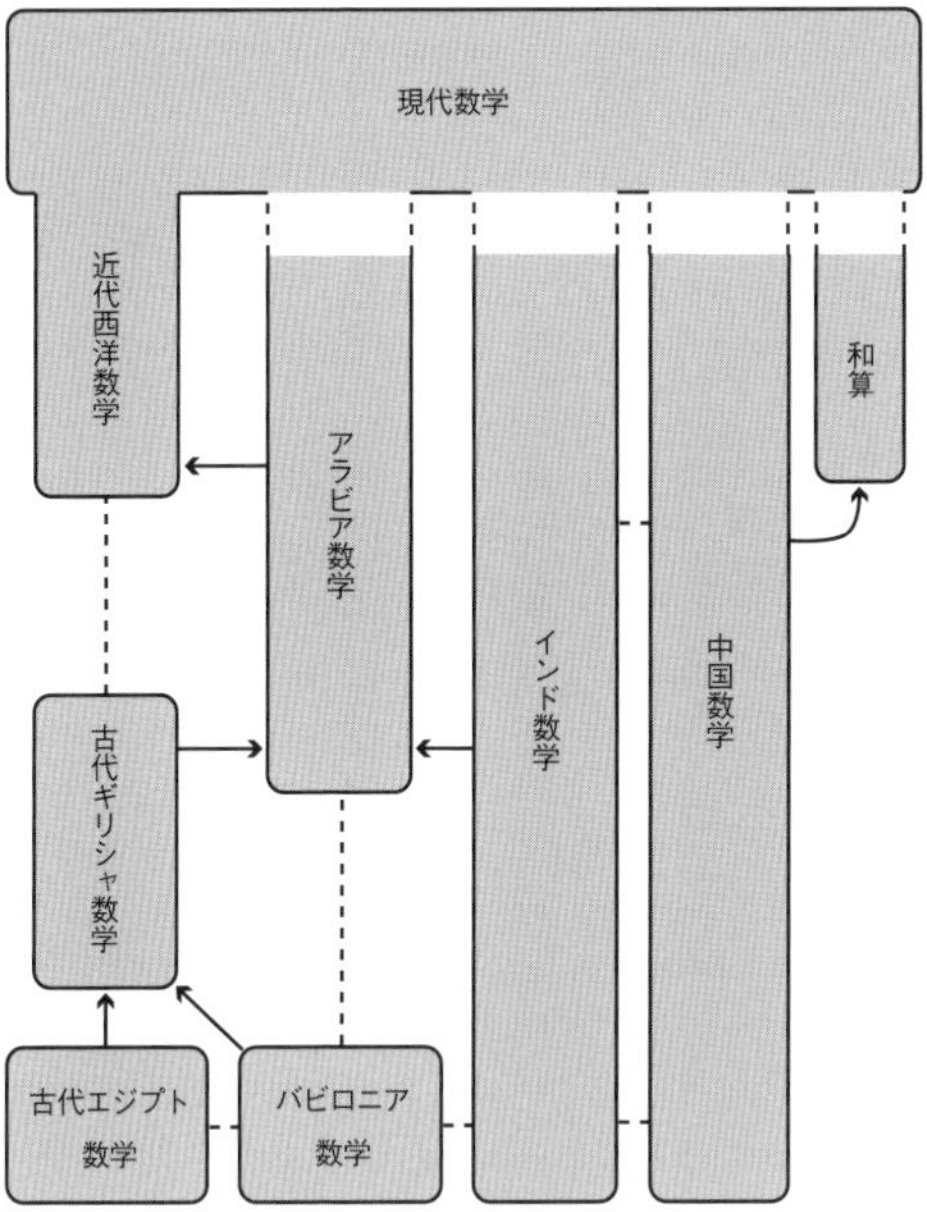

図20　数学伝統の相関図

か重要な理由があったのであろうか？　もし理由があるとすれば、それは数学的な問題だろうか？　それとも数学とは別の、政治や技術力・軍事力などの問題だったのだろうか？

もちろん政治的・軍事的な強さもその原因の一つとはなり得たであろうが、これが問題の答えとして満足できるものでないことは明らかである。近代西洋の強さの背景には数学などの基礎科学の発達があったからだ。すなわち、政治的・軍事的な強さは近代西洋数学の原因であるというよりは結果であったはずである。しかるに、問題の解答は数学内部の問題に帰着されるべきだろう。そして、この本のこれ以後の議論の中で論じられていくように、その解答の一つに迫る上での重要なキーワードは「伝統のブレンド」であり、そのブレンドにおいて何を取り入れ、何を取り入れなかったかという点が重要になる。そして、その（複合的要因の中の一つとして）最も重要な歴史的契機が、第10章で検討される「科学的精神」の勃興だ。これによって、西洋数学は対象を「見る・観る」スタイルから対象を〈作る〉スタイルへと変貌し、他の諸学や宗教のみならず外的な自然本体との（少なくとも心理的な）しがらみをも断ち切って、それまでにない強力な抽象性と自由性・力動性を手に入れるのである。

古代文明の数学

数学の起源について考えるとき、必ず中心的な話題の一つとなるのは古代文明の勃興との関連である。数学の始まりにおいて、文明という背景は不可分である。少なくともそう見える。農地開墾や灌漑設備などの基本的インフラの必要性や、祭壇設営などの宗教的動機から生じる測量技術、さらにはそれらの作業のために必要な人員や材料の計算など、初期の数学はさまざまな実用的な要請から始まったと考えるのが最も自然なのだ。また、実用を離れた算術や幾何学の技術がそこからさらに抽象されるためには、それらの知識を次代に伝えるための組織的な知の蓄積・教育が背景になければならなかった。そのため、数学の始原においては組織的な文明が背景になければならなかったし、また知の蓄積のための文字の使用がすでに行われていなければならなかったと思われる。

実際、図20に示された数学伝統の系譜はすべて、いわゆる古代四大文明、すなわちエジプト、メソポタミア、インダス、中国の四つの文明圏から起こっている。図には記されていないが、新大陸ではマヤ文明においても数学の始まりを示す考古学的資料が見つかっている。もちろん、これらをして文明の存在が数学の始まりのための必要条件であるという証拠にはならないし、たまたま文字を持つ文明が自分たちの数学を後世に遺すことができただけかもしれないという疑念は残る。しかし、ある程度抽象的な算術や幾何学の始まりのためには、組織的な文字の使用が不可欠であり、そのためには高度な文明が発達している必要があると考えるのは自然なことだろう。

エジプト文明においては、いわゆるヒエログリフ（神聖文字）などの象形文字があり、これを書き記すためのパピルスというメディアがあった。現存するパピルス文献の中で数学に関係するものは、必ずしも潤沢に遺っているというわけではないが、それでもそこから当時の数学のあり方を類推することができる。何よりも、エジプト文明には確かに抽象的な数学が始まっていたという証拠にはなるのだ。

現存するパピルス文献の古いものは、おおよそ紀元前二千年期前半のものである。例えば、現在モスクワ・パピルスと呼ばれている文献は紀元前十九世紀頃のものと推定されているが、ここには分数を用いた算術や基本的な図形の面積・体積を求める問題などの幾何学の知見が記されている。また、いわゆる「アハ問題」と呼ばれる未知量決定問題、現代風に言えば簡単な方程式の問題と解釈できるものもある。他にもリンド・パピルスと呼ばれる紀元前十七世紀頃の有名な古文献があり、そこからも当時の数学知識のあり様を垣間見ることができる。

古代エジプト数学の起源については、ヘロドトスによる有名な「ナイルの賜物」という言い伝えがある。エジプトに肥沃な大地をもたらすナイル河は毎年、上流地域に降り注いだ雨を集めて氾濫する。この氾濫の繰り返しがエジプト人たちに暦学や天文学への興味を引き起こし、さらに洪水が引いたあとの大地を再測量するための測量技術が幾何学の始まりを促したというのである。もちろん、これだけが古代エジプト文明における数理科学の動機となったと考えることはできないであろうし、おそらくは他の歴史的出来事と同じく様々な複合的要因が働いたものと思われるが、これと関連して当時の土地測量を担った人々、いわゆる縄張り師(ハルペドナプタイ)の存在は重要視されている。彼らは、例えば(3, 4, 5)の比率の辺を持つ直角三角形を縄で描くことで直角を作っていたと言われている。そのような伝承に依らなくても、今日見られるようなピラミッドなど、巨大建造物を作るための測量術や土木技術の高さからも、彼らの能力の高さを推し量ることができるだろう。これだけのことが可能であった背景には、古くから高い水準の技術があったことは明らかであるし、それを支える算術や幾何学などの基礎的な知見が少なからずあったことは間違いないだろうと思われるからである。

以前、拙著『物語 数学の歴史』の第1章において、数学の始まりを推し量る上での試金石として、体系的な「割り算」があったか否かが重要であると述べた。古代エジプト文明においては、非常に特徴的な割り算のやり方が存在していたことがわかっているが、これもまた、古代エジプトには独自の充実した数学の伝統が存在していたことの証拠となる。現在でも割り算を筆算で実行するときには、その逆演算であるかけ算を縦横無尽に用いるが、古代エジプト人のやり方もその意味では現在のやり方と同様である。ただ、彼らのかけ算は数を次々に2倍していくという操作を基本としているため、その割り算の計算法も独特なものとなった。現代の言葉に翻訳してしまえば、これは二進展開による計算と解釈することも可能であるが、もちろん古代の彼らにそのような意識があったとは到底考えられない。エジプト式割り算の複雑さは、それが書記や神官など一部のエリート階級に独占されることには一役買ったにしても、その普及や他地域への伝播などを妨げることになったであろう。ここではその詳細については述べないが、興味ある読者は、例えばファン・デル・ヴェルデンの本『数学の黎明――オリエントからギリシアへ』を参照されるとよい。

一方、メソポタミア文明圏に発達した古代バビロニア数学においては、古代エジプト数学とはかなり様相の異なる数学の伝統があったことがわかっている。古代バビロニア数学のあり様を今に伝える文献は粘土板に楔形文字で記されたものであり、エジプトのパピルスよりも風化に耐えやすい。そのため、古代バビロニア数学の知見が記された粘土板文献は、かなり古いものでも比較的に数多く現存している。古いものでは紀元前四千年期に遡るものもある。

古代バビロニア数学において最も特徴的な側面は、第一にその記数法にある。バビロニア数学の発展の担い手も、神官などのエリート階級であったと思われるが、彼らはすでに紀元前一千年期には六十進法に基づいた体系的な数の表記法に到達していた。今日の十進表記による数の表記法と同じく、彼らの表記においても数字はその相対的な位置によって一の位や十（バビロニアの場合は六十）の位を表すといった位取り表記法がなされていたのである。現代的な視点から見れば、彼らの六十進法による表記法は小数点がないなどの限界があったたし、後述するインド式十進位取り表記法よりも、おそらくその習得や普及は難しかったものと推定されるが、基本的には数の大小にかかわらない優秀な表記法によって数が記され、計算されていたことは特筆すべきことだ。その背景には、彼らの天文学が極めて進歩的なものであったことが挙げられる。星辰の運行を正確に記述することや、正確な暦を作成するためには、大きな数をあつかった計算が縦横無尽にできることが必要だが、そのためには便利で体系的な表記法が必要となるからである。

その意味では、古代バビロニアの数学も暦算や天文学などの実用的な要請から起こったことは確かなのであるが、バビロニア数学には実用を超えた高水準の抽象性を持つ代数や算術の痕跡も認められる。例えば、第5章でも触れたように『プリンプトン322』と呼ばれる粘土板文献には $a^2+b^2=c^2$ を満たす整数 (a, b, c) の三つ組、いわゆる「ピタゴラスの三つ組」の表があり、その中にはあてずっぽうではない、正しい公式に基づいた計算でなければ、まず求めることは不可能だと思われるものもある。このような三つ組は無限に多くあることが知られているが、それらを求める方法は決して簡単なものではない。抽象的で高度な算術の知見がなければ、それを導きだすことは不可能である。

古代バビロニア数学がカバーする範囲はこれらだけではない。古代エジプト数学のように、彼らは初等的な幾何をも発展させたが、それだけではなく平方根や立方根を開くためのアルゴリズムや、さらには二次方程式の解法なども粘土板文献から読み取ることができるのである。つまり、古代バビロニアでは「計算」ベースの数学が、すでに高度に発達していたのだ。これらの驚くべき数学知見は、もちろん暦学や天文学などの実用の用のために発展したものと言えなくもないにしても、実用を超えた抽象的な数学は、主に神官階級の養成や教育のための教養として発達した可能性もある。さらに、今日でも使われている度数法（円弧を三六〇度に分けること）や七曜制なども、バビロニアの数学や天文学の影響が今日まで残存している例である。現代と言えども、これらの古代数理科学の影響が脈々と続いているのだ。

古代中国数学

次に中国文明の数学について考えてみよう。古代中国文明は、メソポタミア文明の始まりからは若干遅れて、紀元前七千年ころから黄河流域や長江流域で始まったとされる古代文明である。これほどまでに古い文明であるから、その数学の勃興もエジプトやメソポタミアと同様に古いものと期待されるが、考古学上の資料が乏しく、その起源を正確に遡ることは困難である。

出土資料が少ない理由は、エジプトやメソポタミア地域と違って湿潤な気候条件が資料の消失を早めたことにもよるが、バビロニアの粘土板のような風化に強いメディアとは違って、古代中国の古文献は竹簡（細長い短冊状の竹を紐でまとめたもの）に書かれていたことも禍いしている。考古学上の資料として現存する最も古い数学文献は、紀元前一八〇年頃のものと推定される『算数書』という文献であるが、中国数学の起源がこれよりはるかに古かったであろうことは確実である。『算数書』は一九八三年に湖北省で偶然発見されたものであるが、この他にもまだ日の目を見ていない古代の文献が多く眠っているものと推測される。

それはともかく、中国文明は黄河・長江流域に起こった古代文明から、その途上で諸王朝の交代はあったにせよ、基本的には一度も途切れることなく現在まで続いている唯一の文明である、という意味で極めてユニークなものだ。このことは中国数学の基本的あり方にも強い影響を与えていることは確実であろう。また、中国が地理的に他の文明域から比較的に隔離されていたことも、その数学の特徴に影響したはずだ。他の地域の数学が、文明の盛衰や他地域との交流による知の再編や集積・伝播などを繰り返したのに対して、中国数学は近代に到るまで比較的に一つの伝統の下に発展を遂げたように見えるのは、これらの事情によるものだと思われる。そしてこの事実は、中国数学からの少なからぬ影響の下に始まった、江戸時代の日本の和算のあり方にも影響を及ぼしているはずである。

中国数学も他の文明における古代数学の始まりと同様に、その起源においては測量術や天文・暦算などの実用的動機に基づいている。しかし、中国において特に顕著なのは、その強い官僚制という社会体制を背景とした数学の独自な発展形態である。強い官僚制は、王朝の入れ替わりを超えて、広大な中国を一つの集権国家にまとめる原動力であった。その官僚制を維持するために、中国では科挙と呼ばれる官吏登用のための試験制度があり、算術や幾何などの数学的知見はそこでの試験問題として採用されている。そのようなわけで、「実用の用」を超えた抽象的な数学は、特に中国では試験問題作成のための数学技術として発達したウエイトが高いと考えられている。

例えば、紀元前二世紀前後のものとされる『周髀算経』は、天文や暦算のための実用書としての側面も強い一方で、三平方の定理や円周率についての記述には実用的な用途を超えた抽象数学の精神が見受けられる。この傾向は第6章のはじめにも若干触れた『九章算術』においてさらに顕著であり、実用書というよりは算術や幾何学の教科書、あるいは今風に言えば問題集とか演習書といった性格も感じられる。

今述べた『九章算術』は古代・中世を通じて中国で最も影響力のあった書物であり、そのスタイルが十五世紀に到るまで中国数学の基本的性格を決定付けた、という意味で最も重要な古代文献の一つである。その意味では、『九章算術』は中国版の『ユークリッド原論』とも喩えられるかもしれない。もっとも、そのスタイルは第4章で詳しく解説した『原論』のスタイルとは大きく異なり、ピタゴラス学派以来の演繹的証明があるわけではない。しかし、『九章算術』の記述においては、

問題 → 解答 → 計算法

というスタイルが首尾一貫しており、その意味では十分に儀式化された「流れ」が確立されているのである。問題や解答は具体的な数によって与えられているが、計算法には一般的な解法規則が与えられている。例えば、巻第一の第六問には「九十一分の四十九」という分数を約分せよという問題（答えは「十三分の七」）があるが、その計算法には、

分母分子をともに半分にできる場合は半分にする。できない場合は別に分母分子の数をおき、小さい方を大きい方からひく。さらにこの過程を繰り返し、両者の等数を求める。この等数で分母分子を約す。

（『科学の名著2　中国天文学・数学集』所収『劉徽註九章算術』八五頁）

とあり、これは分母と分子の最大公約数を求めるための、いわゆる「ユークリッドの互除法」と呼ばれている一般的なアルゴリズムの記述になっている。具体的に91と49の最大公約数である7を答えとして与えてしまうのではなく、どんな分母分子に対しても適用可能な計算手順を与えているところが重要なのだ。『九章算術』のこのスタイルはその後の中国数学の文献にも引き継がれ、前述のように十五世紀頃までの中国数学の模範となった。のみならず、これ以後の中国数学はすべて『九章算術』への註解という形で発達したという見方もできる。それほどに『九章算術』は中国数学の歴史の中で決定的な文献であったのである。

中国数学の歴史上、個人名が知られている最古の独創的数学者は劉徽《りゆうき》（二二〇頃～二八〇頃）で

ある。劉徽は二六三年ころに『九章算術』への註解を著しているが、これは単なる註解にとどまらない新しい内容を含んでいる。特に、そこに述べられている円周率の極めて正確な近似値3.14159が当時のものとしては驚くべきものであることは、既に第3章に述べた通りである。劉徽にはこの他にも『海島算経』という著作があるが、この中で三平方の定理の応用として、海に浮かぶ島への距離とその高さを測る方法について述べている。これは『九章算術』第九章の内容を発展させたものであるという意味で、『九章算術』への註解の一つと考えてもよいが、そこには劉徽独自の発展的展開が見受けられる。

劉徽以降の顕著な数学者としては、五世紀の祖沖之《そちゅうし》（四二九〜五〇〇）がいる。彼が劉徽の円周率計算を発展的に継承して、円周率は3.1415926より大きく3.1415927よりも小であるという驚異的な結果を出したことは、すでに第3章で述べた通りである。

古代中国数学には、もう一つ『孫子算経』と呼ばれる注目すべき書物がある。これは三世紀から五世紀頃までの著作とされ、その著者は題名が示す通り孫子という人であると目されているが、詳細は不明である。この文献が注目される一番の理由は、これが現在でも「中国式剰余定理」と呼ばれる初等整数論の定理を含んでいることにある。

古代インド数学

中国数学のその後を追いかける前に、ここで四大文明の残る一つであるインダス文明に目を向けてみよう。

インダス文明は他の三つの古代文明に比べて、謎多き文明である。考古学的には紀元前三千年期から紀元前二千年期初めにかけて、当時北西部インドに居住していたドラヴィダ系住人によって始められた文明とされており、ハラッパーやモヘンジョダロなどの都市文化が栄えたとされている。しかし、彼らの用いた文字が現在に到るまで解読されていないことから、その詳細は謎に包まれている。

謎多き文明という事情を反映して、この古代文明の担い手たちによって発達させられたに違いない初期の数学のあり様についても、ほとんど全くわかっていない。ただ、遺跡の調査から、彼らはすでに正確な測量技術を持っていたはずだという状況証拠は見つかっている。

インダス文明は、遅くとも紀元前二千年期を終えるまでには完全に滅亡したと考えられているが、その理由についても詳細は不明である。もっとも、ちょうど同じ頃、西方よりアーリア人が波状的に入植を開始し、その後千年くらいの間にインド亜大陸全土に定住することになるが、この民族移動がインダス古代文明の衰亡に何らかの関連を持っているとするのが一般的である。この民族移動はインド亜大陸における民族分布図を大きく変えただけでなく、文化・宗教の側面においても大きな変革をもたらした。実際、アーリア人がインド亜大陸に浸透するまでの間に、いわゆる『ヴェーダ聖典』が成立し、バラモン教が起こる。バラモン教は、さらに紀元前六世紀頃の宗教改革の動きから今日のヒンドゥー教へと変貌を開始するが、その動きの中で仏教やジャイナ教などの新しい宗教が生じた。

ヴェーダ聖典は『サンヒター（本集）』『ブラーフマナ（祭儀書）』『アーラニヤカ（森林書）』

『ウパニシャッド（奥義書）』の四つの分野に大別されるが、このうち『サンヒター』と『ブラーフマナ』には古代インドの数詞・数体系に関する記述や、祭壇設営のために必要な幾何学の記述がある。これが文献上はっきりと現れるインド最古の数学の記述なのであるが、インドの数学がこれよりはるかに初期の頃から発展を遂げていたことは間違いない。その始まりは滅亡したインダス文明にあったのかもしれないし、それを移住してきたアーリア人が受け継いだとも考えられる。あるいは新興移住者が全く新しい数学を持ち込んだのかもしれない。その経緯がどのようなものであったのか、というのは興味深い問題であるが、もちろんインダス文明にまつわる様々な謎が解明されない限りは何もわからないであろう。

インド数学の特徴について考察するとき、まず最初に強調しなければならないのは、その数表記法に関する発展である。現在我々が数を表記するときに用いている十進位取り法による数表記法は、実はインド数学をその起源としている。この「位取り」表記法において重要なことは、まず（先にもバビロニア数学の六十進法について述べたように）、

①数字が持つ意味は、その相対的な位置によって変わる

ということにある。例えば111という数を書いたとき、一番右の「1」は数1を表し、真中の「1」は数10を表し、一番左の「1」は数100を表し、それらがたし合わされて100＋10＋1＝111という数を表している。それぞれ同じ「1」という数字なのであるが、相対的な位置によってそ

の意味が異なっているところが重要なのだ。

このような表記法に現代の我々は普段から慣れ親しんでいるため、それが実は極めて偉大な発明なのだということには気付きにくい。しかし、このような「位取り」による表記法、すなわち「位置による表記法」を採用しないと、数の表記や計算は非常に困難なものになる。実際、インドでも他の文明圏でも、初期の数表記は位取りによるものではなかった。例えば、現在でも時おり使われているローマ数字による表記や、日本や中国の漢数字による表記などがそれである。ローマ数字は数1を「Ⅰ」で表すが、これを二つ並べた「Ⅱ」が数11を表すわけではない。数10には新たに「X」という記号があてがわれる。同様に数100には「C」という記号が使われるし、千には「M」という、また新しい記号を用いる。このように、位置による数表記法を採用しないと、位が上がるにつれて次々に新しい記号を導入しなければならないが、位置による十進位取り表記法では0から9までの十個の記号を用意しさえすれば、それだけで原理的にはどんなに大きな数でも書くことができる。

位置による十進位取り表記法の優れた点はこれだけにとどまらない。この表記法を用いると、現在我々が小学校の算数で教わるような筆算によるたし算やかけ算のやり方、いわゆる「積み算」が可能となる。つまり、この表記法によって、

②数の計算が筆算としてアルゴリズム化できる

という点が優れているのである。小学校で習ったたし算やかけ算のやり方は、すべて形式的な手順によって機械的に行うことができ、その手順と、例えば「九九」などの比較的に数少ない一桁の数同士の計算を暗記してしまえば、誰でも習得することができる。

歴史的には、数の計算は現在よりもはるかに難しいものと思われていた。例えばローマ数字や漢数字で筆算することを想像してみるとよい。これらの位置によらない表記法は、筆算による計算法には全くなじまないのだ。そのため、数の計算のためには算盤や算木が用いられることが多かった。現在の日本にもそろばんが伝えられているが、これに似たような道具は古代や中世においても使われていたのである。しかし、そろばんを使うには、その使い方を学ばなければならず、その修行は筆算を習得するより難しい。まして、昔の算盤や算木となると、その使い方を習熟するには、それなりの習練が必要であったであろう。そのため、古代中世を通じて数の計算ができる人は、いかなる文明圏においても、社会の中で神官や書記など一部のエリート階層に限られていた。計算は一般の人々には一種の魔法のようにも感じられたであろうし、計算ができる人は特別の手腕と才能を持った人として、社会の中でも高い地位と尊敬を集めたであろう。

しかし、位取り表記法による筆算は、普通の人々には困難であった数の計算を、決して難しくないものにすることができた。十六世紀の書物『*Margarita Philosophica*』の挿絵（図21）には算盤を使って計算するピタゴラス（右側）と、筆算で計算するボエティウス（左側）が計算力を競っている象徴的な様子が描かれている。ピタゴラスの困ったような顔は、彼がこの競争に負けそうになっていることを暗示している。インドから伝わった数表記法や筆算の方法は、幾多の曲

図21　ピタゴラスとボエティウス

折と長い年月をかけて西洋にも浸透するに到るのであるが、十六世紀においてようやく筆算の優越性が認識されるようになったわけだ。

位置による優れた十進位取り表記法を発明したインド数学においても、当初はローマ数字などと同様な位置によらない表記法を採用していた。紀元前三世紀頃のアショカ王碑文には、ブラフミー数字と呼ばれる数字が記されているが、これはまだ位置による数表記法ではない。位置による十進位取り表記が考古学的資料として初めて現れるのは紀元後のことで、六世紀頃のサンケーダ銅板という資料にそれが見られる。このように、現在でも使われている極めて便利な数表記法の発明には長い年月を要したのであるが、これを発明し、他地域への伝播や一般階層への普及にまで耐えうるほどに発展・成長させたのはインド数学だけであったことは強調すべきであろう。古代ギリシャ数学においてはエウドクソスやアルキメデスなどの巨人が多数活躍したにもかかわらず、彼らはこの素晴らしい数表記法を見出すことはできなかった。現代の我々がインド数学に負っているものは、実は極めて大きいのだ。

「0」の発見

十進位取り表記法の発明に関連して、今ひとつ忘れてはならないのは、インドにおける「0の発見」という歴史的事実である。前述のような位置による数表記法を採用すると、例えば101のような数を表記するときに、どうしても記号として「0」が必要となる。101という数は101＝100＋1であるから、十の位には何もない。しかし、この「何もない」ということを記号化する必要があるわけだ。さもなければ、そこを空白にしなければならないが、そうすると両脇の数字の位置関係が把握しにくい。「0」という記号は、その意味で必要不可欠なものである。

実際問題として、位取り表記法における「空白」を埋める記号は、六十進法を開発したバビロニア数学に存在した（例えば、点「・」が用いられた）し、そのような記号を導入するということ自体はそれほどのイノヴェーションではなかったかもしれない。しかし、インド数学における「0の発見」の意義は、記号としての「0」を導入したことにとどまらず、これを筆算による計算ベースで用いることを通して、他の自然数と同等の〈数〉として認知したことにある。そこで次には、この「0の発見」をも交えて古代インド数学の流れを概観してみよう。

古代インド数学における最初の組織的な文献は、紀元前六世紀から紀元前二世紀以降にかけて成立した『シュルバスートラ（縄の経）』と呼ばれる一連の書物である。『縄の経』というその題名からも推察できるように、そこには縄や杭を用いて地面を測量したり作図したりするための様々な技術が集成されている。古代エジプトのハルペドナプタイ（縄張り師）もそうであったように、平らな地面を縄を用いて測量することが後の平面幾何学の始まりだったことには、地域を越えた普遍性がありそうである。『ユークリッド原論』の第一巻に展開されている平面幾何学、本書の第4章で解説したような幾何学の基本的な問題意識は「定規とコンパスによる作図」というものであるが、このような問題意識の起源は縄と杭による測量であったと考えられる。目盛りの付いていない定規とコンパスだけを駆使して平面に図形を描画するということは、縄と杭を用いて平らな地面に図形を描くことに見事に対応するからである。

それはともかく、古代インド人たちにとっても、縄を使って地面を測量することには特別の重要性があった。それはエジプト人のような巨大建造物を作るための土木技術的要請ではなかったかもしれないが、インド人には祭式に際して祭壇を正確に設営しなければならないという宗教上の重要な任務があったのである。例えば、祭壇の形を正確に測地するために、彼らは(5, 12, 13)の三つ組を用いて直角を作図した。また、与えられた長方形と同じ面積を持つ正方形の作図なども、彼らの重要な仕事だった。

『シュルバスートラ』はバラモン教の祭儀書であり、初期のインド幾何学はその祭儀遂行のための技術を端緒として始まったと言うことができる。宗教祭儀が数学の黎明に積極的な役割を果たすという構図は、以前我々が検討したピタゴラス学派による演繹的数学の発明を彷彿とさせるだろう。もちろん、『シュルバスートラ』による幾何学が、古代ギリシャ数学のような演繹的方法によって書かれているわけではない。そうとは言っても、数学という学問がその初期段階において時代の宗教との深い結びつきの中から生じるという構図は、案外と普遍的なものなのだと言うことができる。

宗教と数学の結びつきという観点は、『シュルバスートラ』以降のインド数学の発展の中にも見出せる。『シュルバスートラ』以降しばらくは、数学の発展の担い手は主にジャイナ教徒であったと考えられているからだ。彼らは独自の哲学と宇宙論を展開し、その中で独自の数学を発展させた。その守備範囲は数論、算術、幾何学にとどまらず、方程式論や組み合わせ論など多岐にわたる。また、彼らはギリシャ人のように臆することなく〈無限〉についても語っている。例えば、「無限倍の無限個の微細原子が一つの現実的原子となり、無限個の現実的原子が一つの極微細分子となる」というように。これは古代ギリシャ人を深いジレンマに陥れた前述の「無限分割可能・不可能性」の問題を彷彿とさせる。しかし、ジャイナ教の原子論者たちは、無限分割に対するギリシャ人たちのような恐怖感を感じることはなかったらしい。

五世紀頃には、それまでのジャイナ教数学の集大成とも言うべき、アールヤバタ（四七六〜五五〇頃）の『アールヤバティーヤ』という書物が登場する。たし算やかけ算などの基本的な四則演算や開平・開立、方程式論などに加えて、平面図形や空間図形の面積・体積公式などもあつかわれている。また、アールヤバタはここで、円周率πとして$\frac{3927}{1250}=3.1416$という非常に優れた近似を用いている。

初期のインド数学が学問として大成するのは、七世紀のブラフマグプタ（五九八〜六六八）の著作『ブラフマスプタ・シッダーンタ』においてである。何よりも重要なのは、この著作の中で、零「0」や負の数をも含めた一般的な演算規則が体系的に語られていることだ。ここにおいて、「0」は一つの数としてしっかりとした市民権を獲得しているのである。

ブラフマグプタ以後のインド数学は、「パーティーガニタ」と「ビージャガニタ」と呼ばれる二つの流れに分岐する。ここで「ガニタ」とは、インドにおいて「数学」を意味する一般的な用語である。「パーティーガニタ」は「既知数学」とも訳され、現代的な用語で説明すれば、既知数を用いた計算規則や、その手順（アルゴリズム）を意味した。他方の「ビージャガニタ」（未知数学）は、平たく言えば、未知量を用いた方程式論である。「パーティーガニタ」は数学の理論的な側面よりも、むしろ計算手順などの技術に重きをおく学問であったから、今日の我々が知っている積み算の方法のような便利な筆算の方法がインドで開発されたのも、この流れによるものだと思われる。一方、「ビージャガニタ」においては、今日「ペル方程式」と呼ばれる不定方程式や、二元一次不定方程式を解くためのインド版「ユークリッド互除法」とも言える「クッタカ」（粉砕法）なども含めた、多種多様な方程式論が考察された。この「ビージャガニタ」の発展は、七世紀以後のインド数学において「代数学」という新しい分野が、次第に胚胎しつつあったことを物語っている。

中世の中国とインド

再び、中国の数学に戻ろう。中国数学は十三世紀に黄金期を迎える。秦九韶《しんきゅうしょう》（一二〇二～六一）は一二四七年に『数書九章』を著し、基本的には一般次数の高次方程式にも適用できる、算木を使った解法のアルゴリズムを明らかにした。同時期に活躍した李治《りや》（一一九二〜一二七九）は一二四八年に『測円海鏡』を、一二五九年に『益古演段』を著したが、そのなかで未知数を用いた方程式の考え方、いわゆる「天元術」と、その運用法が論じられている。

一方、楊輝《ようき》（一二三八頃〜九八頃）による『註解九章算法』（一二六一年）には、現在では「パスカルの三角形」と呼ばれる数の列がはっきりと登場し（図22）、事実上、二項展開式との関連が論じられている。「パスカルの三角形」と二項展開式との関連、現在では高校数学で習う「二項定理」の認識は、すでに楊輝以前に十一世紀の賈憲《かけん》によって得られていたと言われている。楊輝は『註解九章算法』の中で、賈憲の仕事であることを明確に述べた上で、これを紹介している。

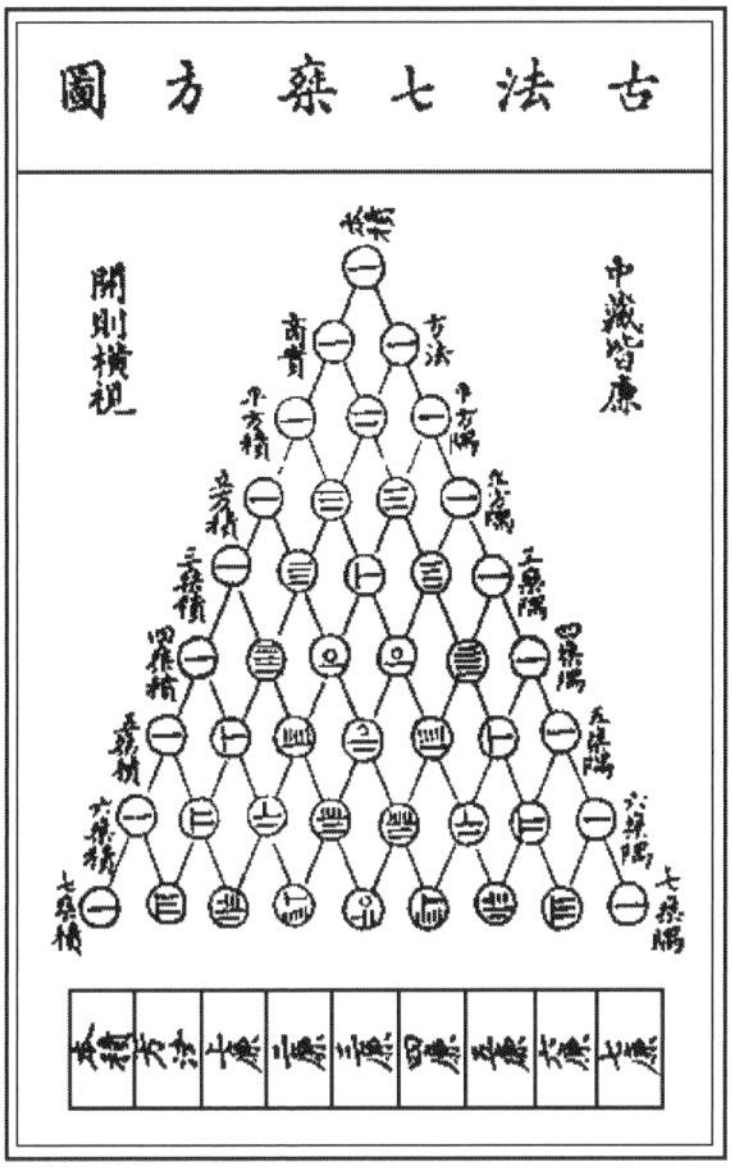

図22　賈憲（楊輝）三角形

また、朱世傑《しゅせいけつ》（一二六〇頃〜一三二〇頃）は『算学啓蒙』（一二九九年）『四元玉鑑』（一三〇三年）を著したが、後者の著作では四つの未知数を持つ多元連立方程式が論じられている。

中国数学は方程式を解く上で、具体的な数値解を求めるための手順を開発することに長けていたわけであるが、これは西洋数学の「解の公式」によるアプローチとは異なった特色である。中国のやり方では、理論的なとりあつかいはないにしても、負の数もあつかえたので、その意味では時代に先駆けた一般性を持っていた。しかし、理論的とりあつかいではないため、例えばn次方程式は高々n個の解を持つなどといった認識はなかった。

このように、十三世紀に中国数学は主に方程式解法の算術的アルゴリズムを中心に全盛期を迎えたのであるが、その後は衰退に向かう。黄金期に獲得された知識も、時代とともに次第に忘れ去られていった。そんな中、イエズス会宣教師のマテオ・リッチ（利瑪竇、一五五二～一六一〇）が明王朝に受け入れられ、徐光啓《じょこうけい》（一五六二～一六三三）とともに『ユークリッド原論』の幾何学を中国に紹介した。これを皮切りに、中国に西洋数学の影響が流入することになる。

中国数学が黄金期を迎えていたころ、インドでも大きな動きがあった。十二世紀にはバースカラ（一一一四～八五。七世紀頃に活躍した同名の数学者と区別するために「バースカラ二世」と呼ばれることもある）が既知数学の書『リーラーヴァティー』と未知数学の書『ビージャガニタ』を著した。これらの著作は、それまでのインド数学の集大成に加えてバースカラ自身の独創も少なからず含んでいるが、特に重要なのは、それがすっきりとした体系とわかりやすく平易な言葉で書かれている点にある。そのため、これらは以後のインド数学における標準的なテキストとなり、多くの人々に読まれた。特に『リーラーヴァティー』はよく読まれたらしく、数多くの註釈書が世に出ている。また、『ビージャガニタ』はインド代数学の体系化にも大きな影響をもたらした。そこには高次の多元連立方程式といった、新しいトピックもある。

中世インド数学の歴史において最も圧巻なのは、十四世紀から十五世紀に生きたマーダヴァ

（一三四〇頃〜一四二五）と、その学統を引き継ぐ、いわゆるケララ学派の仕事である。第3章では江戸時代日本の建部《たけべ》賢弘《かたひろ》が『綴術算経《てつじゅつさんけい》』の中で逆三角関数のテイラー展開、つまり円弧を表すための無限に多くの項を持つ式に行き着いたことを述べた。これは西洋数学における同等の事実の発見にも先駆けた、素晴らしい結果であることも述べたが、実はそれよりも早く、インドのマーダヴァも本質的に同等の結果を得ていたのである。マーダヴァは逆正接 arctangent 量を無限項の式で表す公式に行き着いていた。これにより、現在ではライプニッツの「$\pi/4$ 公式」として知られる、

$$\frac{\pi}{4}=1-\frac{1}{3}+\frac{1}{5}-\frac{1}{7}+\frac{1}{9}-\frac{1}{11}+\cdots$$

（右辺は奇数の逆数を交互にたし引きするという意味）をも導いている。マーダヴァ自身はその導出法を遺してないが、ケララ学派の人々がこれを整理して後に伝えている。それによれば、その方法は建部のような「数を観る」という形のものというよりは、後のライプニッツがやったような図形的な洞察によるものであるが、円弧の分割と高度な式変形を積み重ねてこのようなきれいな等式を得る手腕は驚きとしか言いようがない。マーダヴァ自身の独創性もさることながら、「パーティーガニタ」と「ビージャガニタ」以来のすっきりと洗練された代数的手法の伝統があったからこそ、このような驚くべき高みに到達することができたに違いないのである。

マーダヴァや、彼の類い稀なる数学の視座と技術を受け継いだケララ学派は、これだけにとど

まらず他にも多くの逆三角関数や関連する量の無限級数展開を求めている。ケララ学派のニーラカンタ（一四四四〜一五四四）も、その師に勝るとも劣らない優れた数学者であったし、パラメーシュヴァラ（一三八〇〜一四六〇）は、その伝統を生かして数理天文学の分野をも発展させた。十五世紀当時の数理科学は、おそらくインドや、すぐ後で検討するイスラム圏が世界中で最も進んでいたと考えられる。

このように優れた歴史的展開を見せたインド数学であったが、十八世紀になるとイギリスを中心とした西洋列強からの影響に押されて、次第にその独自性を失っていく。数学のみならず、東インド会社設立以来の植民地化によって、インド自体がイギリスの支配下に置かれることになった。しかし、このような歴史的紆余曲折にもかかわらず、今日でもインドは数学的に優秀な国であるというイメージは残像として残っている。それは夭折の天才との誉れも高く、現代数学に大きな影響を与えているラマヌジャン（一八八七〜一九二〇）を生んだ国でもあるのだ。

アラビア数学

近代西洋数学以前の世界の数学史を追いかける最後として、次にアラビア数学について述べよう。ただ、一口にアラビア数学と言っても、その地域や担い手は多岐にわたる。地理的にはペルシャ地域やイスラム教国支配下のイベリア半島をも含むので、その意味では「イスラム数学」という呼び名の方が正確であるが、中世イスラム社会における数学の担い手たちのすべてがイスラム教徒であったというわけでもないので、この呼び名も単に象徴的なものとして理解されるべきである。実際、ウマイヤ朝やアッバース朝などのイスラム教国は、他宗教の信者に対して基本的には寛容な政策をとってきたし、能力があるものであればキリスト教徒やユダヤ教徒であっても数学者・科学者として保護した。したがって、一口にイスラム数学者と言っても、必ずしもイスラム教徒とは限らないのである。

アラビア半島の古い商業都市メッカに生まれたムハンマドが、大天使ガブリエルを通じて受けた唯一神アッラーの啓示を『クルアーン』（コーラン）にまとめたのは七世紀初頭のことであった。ムハンマドの後継者アブー・バクルは初代カリフとなり、イスラム教を広め、イスラム勢力圏を拡大するためのジハード（聖戦）を引き継ぐ。すでに弱体化しつつあったビザンティンやペルシャに対抗するこの新興勢力は、その後も破竹の勢いで領土を拡大し、一世紀の後には東はサマルカンドを含む中央アジア一帯から、ペルシャ、小アジア、北アフリカを経て、現在のスペインにまで到る広大な勢力圏を手にすることになる。

最初の王朝であるウマイヤ朝は、ビザンティンの都市ダマスカスを首都とした。広大な版図を手にする中で外部にも内部にも反抗勢力は絶えなかったが、特にアッバース家との争いは、結局ウマイヤ朝を徹底的な敗北へと導いた。王朝が滅びただけでなく、王朝関係者は女子供も含めて皆殺しにされたのである。かろうじて生き残った残党は命からがらイベリア半島に逃れ、後にそこで後ウマイヤ朝を再興する。

アッバース朝は首都をバグダッドに遷した。それは血塗られた歴史から始まった王朝だったのであるが、数学や自然科学を含めた文化の擁護者でもあった。実際、彼らはその後のイスラム社会の文明開化を促し、イスラム科学の勃興をもたらすだけの賢明さと偉大さを備えていたのである。そもそも、イスラム教という宗教自体が、科学・文化の発展を促すことに対して極めて積極的な宗教であったことが強調されなければならない。『クルアーン』の一節にも、こう謳われている。「学者のインクは殉教者の血よりも神聖である」。

しかるに、アッバース朝をはじめとしたイスラム教国の指導者たちが、積極的に数理科学の振興を促したとしても不思議はないのであるが、アッバース朝における学術振興の積極性にはそれ以上のものがあった。すでに五代目カリフのアル＝ラシードは学芸を奨励したことで知られているが、その子である七代目カリフのアル＝マムーンはバグダッドに「叡智の館」を創設し、学問の発展を推し進めた開明的君主として有名である。

中世イスラムの数理科学は、ビザンティン帝国の図書館から古代ギリシャ時代の遺産を継承することから始まった。西ローマ帝国が五世紀に滅亡して以降、西欧のラテン語社会では学問語であったギリシャ語を解する風土が急速に失われ、その結果、古代ギリシャ世界において長年培われた数学や天文学、哲学などの知見は忘れ去られそうになっていた。その後、これらの知識の連続性を保つ仕事は主にビザンティン帝国が引き受けることになるが、これに取って代わったイスラム王朝は、これら敵陣の蔵書を焼失させることなく、むしろそこから多くのことを学びとろうとしたのである。アル＝マムーンはこれらギリシャ語の文献をアラビア語に翻訳するために多くのキリスト教徒を「叡智の館」に招聘し、大規模な翻訳運動を展開した。この翻訳運動の中でアリストテレスの哲学やユークリッドの『原論』、さらにはアルキメデスの著作などもアラビア語に翻訳された。

しかし、「叡智の館」に持ち込まれたのは、これらばかりではない。前述した『ブラフマスプタ・シッダーンタ』のようなインド数学のテキストもバグダッドに持ち込まれ、サンスクリット語からアラビア語に翻訳されていた。言わば当時のバグダッドは時節的にも地の利から言っても、東西の叡智を取り入れ、融合し、新たな学問的系譜の創造を開始する好機に恵まれていたのである。そしてその好機から、その後数世紀を通じてイスラム世界は極めて充実した果実を収穫することとなった。

最初に取り上げるべき人物はアル＝フワリズミー（九世紀頃）である。彼はユークリッドやアルキメデスなどのギリシャ古典に通暁しただけでなく、インドの古代数学からも影響を受けた。インド式の計算法や方程式論についての著作を著し、「0」を用いた十進位取り記数法をアラビア世界に紹介している。今日でも使われ、本書で度々用いてきた「アルゴリズム」という言葉は、実は「アル＝フワリズミー」という人物名が語源である。

しかし、アル＝フワリズミーの著作の中でも最も有名で、後世への影響力が大きかったのは『ヒサーブ・アル＝ジャブル・ワル＝ムカーバラ（アルジャブルとアルムカーバラの計算の書）』である。この著作において数学の歴史上、最初の組織的かつ体系的な代数学が誕生した。実際、書名にある「アル＝ジャブル」が、今日でも「代数」を意味する「アルジェブラ algebra」の語源となっている。現在の我々が中学や高校の数学で習う「移項」や「簡約」といった等式の変形の規則が、この本で最初にあつかわれることになった。

アル＝フワリズミーの始めた代数学は、今日のように記号を駆使して等式を書くような記号代数学ではなく、その前段階である修辞代数学、つまり文章によって未知数や既知数を用いた等式（方程式）を表現するという段階のものではあるが、それでも等式を形式的規則にしたがって形式的手順で変形し、そのような形式的手続きの連鎖を通じて答えを導きだす、という数学の見方は十分に革新的であっただろうと推測される。アル＝フワリズミーはこれらの〈手順＝アルゴリズム〉を述べた後に、これを正当化するためにギリシャ的な幾何学を用いているが、この辺りにもインド的な数学とギリシャ的な数学とがブレンドされた姿が見受けられるのだ。

数学の算術化

現在では数学という学問分野は、大変大雑把に分類して、代数学、幾何学、解析学の三つの分野に大別される。代数学とは（これも極めて大雑把な言い方ではあるが）数や未知数、あるいはさらに抽象的には集合を表す（という意味で充実した意味内容を持つ）記号をあつかう分野である。具体的な数のみをあつかうのは主に算術（算数）の仕事であり、それはそれで深い世界なのであるが、代数学においてはそれらのあつかいの抽象度がさらに増すのである。第2章でも述べたように、抽象性は代数学にとって最も大事な側面の一つなのだ。一方の幾何学は大雑把には図形の学問であると言えるが、現代的には図形を入れる入れ物としての「空間」をあつかう学問だ、と言った方が正確であろう。これに対して、解析学は関数をあつかう学問だと（これまた大雑把であるが）言うことができる。つまり標語的には、代数学は数の学問であり、幾何学は図形の学問であり、解析学は関数の学問である、ということになる。

これら三つの分野の中で、歴史的には幾何学〈図形の学問〉の起こりが最も早い。これはそれこそ古代エジプトや古代インドの縄張り師から始まっていると言えるからである。もちろん、「数」の学問としての数学はこれと同様に古い歴史を持っているから、その意味では代数学も部分的には古代から始まっていたということになってしまうが、具体的な算術ではない、未知量も含めた抽象的で一般的な学問としての代数学の登場はずっと後になってからだと考えるべきだ。そして、その萌芽はインド数学の「ビージャガニタ」以来の系譜の中にすでに見出せるにしても、これを体系的かつ組織的に開始したのはアル゠フワリズミーを始祖とするイスラム代数学が最初である。他方の解析学が誕生するには、そもそもその対象である「関数」という概念がなければならなかったが、これは十七世紀以降の西洋数学における微分積分学の振興によって生まれた。したがって、本格的な解析学の勃興は微分積分学の始まりにおいてであり、その意味では、三つの学問分野の中で最も新しいと言うことができる。

アル゠フワリズミーによって先鞭が付けられた、初期の代数学がもたらした革新とは一体何だったのだろうか。一口に言って、それは当時の数学全般の〈算術化〉とでも呼べるものだったと思われる。古代ギリシャ人はピタゴラス学派やエレア派がもたらした思想的基盤の上に演繹的数学の方法を発明し、通約不可能性の発見などの紆余曲折を経て、論証重視の方法論を展開した。この方法は図形をあつかう幾何学や数の性質を探る整数論にも応用され、その体系は『ユークリッド原論』にまとめられる。また、アルキメデスに到っては、この方法を巧みに用いることによって、円の面積や球の体積に関する正しい知見が得られていた。しかし、ここで注目すべきなのは、以前にも何度か述べたように、彼らは「証明はしたが計算はしなかった」という事実である。第7章ではアルキメデスによる円の面積公式の証明の概略を紹介したが、彼は円の面積を〈計算〉したのではなく、〈証明〉、それも背理法によるいささか複雑な論理構造を持った証明によって得ていたことを思い出してほしい。そして、そこでも述べたように、計算ベースの〈正しさ〉と証明による〈正しさ〉においては、それらを理解する上での「基盤」世界が異なっているのである。さらに、その違いの深層には「アキレスと亀」のパラドックスで顕在化された「現実様態と論理との不一致」という微妙な問題があったことも、ここで併せて思い出されるべきである。

このような修辞的論証を重視する態度は、ギリシャ数学においてははっきりと首尾一貫したものであった。彼らは整数の性質を論じるときですら、これを線分などの図形量に翻訳して論証の舞台に載せる。見ることも計算することも避けて、すべてのことを演繹的証明という〈儀式〉によって行おうとしているのだ。これによってギリシャ数学は巨大な遺産を現代の我々にも遺したことは疑い得ない。しかし、その一方で、このような一見バランスを欠いた発展の形態が、彼らの数学の可能性を最初から制限してしまっていたのかもしれないのだ。ダンツィクも次のように述べて、率直な疑問を表明している。

我々にとってとりわけ不思議なのは、古代ギリシャの偉大な数学者たちがそれ〔位取りの原理〕を発見できなかったという事実である。あるいはそれは、ギリシャ人たちが応用数学を強く蔑み、子供の教育さえも奴隷に任せていたからだろうか？　しかしそうだとしても、なぜギリシャは後世に幾何学をもたらして科学を大きく進歩させる一方で、初歩的な代数学さえも作ることがなかったのだろうか？

（『数は科学の言葉』三八頁）

これに対して、インドの数学は物事を計算ベースへ抽象化し、一度その枠組みに物事を翻訳してしまったら、後は淡々と機械的な計算手順を遂行する。その意味では、彼らにとっての議論の「流れ」――第2章の終わりに述べた「正しさの認識における三要素」の一つとしての「流れ」――とは、まさに「計算」にあったのであり、「証明」という議論の形態は必要なかったわけだ。したがって、ダンツィクの疑問の裏返しは、インドの偉大な数学者たちに対して述べることができる。「なぜ、インドは後世に位取り記数法をもたらして科学を大きく進歩させる一方で、初歩的な演繹的証明の技術すら作ることがなかったのか？」

いずれにしても、イスラム数学はこの二つ、論証重視の演繹数学と計算重視のアルゴリズム数学をブレンドする好位置にあった。その結果、イスラム代数学は数学全般の算術化という大きな流れの第一歩を踏み出したのである。「数学の算術化」という流れは近代西洋数学や現代数学にまで綿々と続けられ、それ以後の数学の発展史の中で大勢を占める重要なものになる。実際、アルキメデスによって証明された円の面積や球の体積は、後に近代西洋数学の微分積分学を用いて計算できるようになる。

アル＝フワリズミーによって本格的に始められた代数学は、アル＝カラジー（十世紀末頃）とアッ＝サマウアル（一一二五頃〜七四）によってさらに発展した。具体的な数に対して通常行うような算術的操作や手順を、未知数に対しても行うための理論的基盤を作ることが彼らの目標だったのだ。言わば、代数学の体系化であり、算術の抽象化である。彼らは未知数をそのべき指数ごとの同類項にわけて考えるという、今日我々が高校数学で教わるような「整式（多項式）」の考え方に達することができた。また、彼らは今日の「数学的帰納法」の考え方にも到達している。胚胎期の数学的帰納法を使って諸々の公式を示した人々の中には、「二項定理」に達していたイブン・ハイサム（九六五〜一〇三九）もいる。また、アル＝フワリズミーは自身の代数学を二次方程式の定式化に応用していたが、後のウマル・ハイヤーミー（一〇四八〜一一三一）は三次方程式を代数的に分類し、円錐曲線の交点を用いた幾何学的解法を示している。

アラビア数学の巨人たちの中には、この他にもアル＝ビールーニー（九七三〜一〇五五）のように、三角法の分野で顕著な業績をあげている人もいるが、数学の算術化というテーマからは、前述（第5章）の「通約不可能性の発見」と関連してアル＝バグダーディー（一〇三七没）にも言及しておきたい。第5章でも述べたように、通約不可能性の発見はギリシャ人を、計算ベースの〈数〉から論証ベースの〈線分〉へと向かわせた。しかし、アル＝バグダーディーは、例えば正方形の対角線の長さのような通約不可能量、すなわち無理数も〈数〉として計算の対象にしようとした。そのために、平方根のような無理量を含んだ数の計算規則を整備し、さらには無理数をも含めた数と線分との対応を画策したのである。これは第5章の冒頭に述べたような「数の数直線モデル」という考え方に近い。ギリシャ人はエレア派的に厳格な真理からの逸脱を恐怖し、

「通約不可能性の発見」によるトラウマから、数から線分へ、そして計算から論証へと向かった。イスラム数学の担い手たちは、そのような心理的トラウマに襲われる必要がなかったから、無理量をも含めた自由な数を構想することができたのであろう。ギリシャ人にはできなかった「数学の算術化」を、イスラム数学にはできたというその背景にも、案外とこのような心理的要因が働いていた可能性がある。

もちろん、アラビア数学による「東西の融合」には、過大評価できない側面もある。例えば、アラビア数学では負の数があつかわれることがなかった。これは当時バグダッドにも流入していたと思われるインド数学のテキスト、例えば前述の『ブラフマスプタ・シッダーンタ』には、はっきりと負数をも含めた演算規則が書かれてあったことを考慮すると、いささか不可思議なことにも思われる。実際、負数を念頭に入れなかったことによって、例えばアル゠フワリズミーによる二次方程式の分類は、現代の目から見れば徒に複雑になっているのだ。

イスラム数学者たちには、負の数を受け入れることのできない何らかの心理的要因があったのだろうか？　どのような要因があったかはわからないが、一般に他の文明からの文物が輸入されるときには、決まって保守的な取捨選択が働くという原則があることも忘れてはならないのである。そしてこのことは、イスラム数学からバトンタッチして独自の数学の構築を始めた、近代西洋人に対しても同様に言えることなのだ。

第9章
無限小算術

十二世紀ルネサンス

前述したように、五世紀の西ローマ帝国滅亡後、西欧ではギリシャ語を理解できるインテリ階層が次第に消滅した。当時の西欧社会で話されていたのはラテン語であり、ギリシャ語は学問語という位置付けである。実際、ユークリッドやアルキメデスらによる数学やプトレマイオスの天文学、さらにはプラトンやアリストテレスの哲学書もギリシャ語で書かれていた。したがって、ギリシャ語が理解されなくなるということは、それまで千年もの長きにわたって培われてきたこれらの学識が急速に失われるということを意味したのである。この状況を深く憂慮したボエティウス（四八〇～五二四または五二五）は、アリストテレス『論理学』やユークリッド『原論』第一巻をラテン語に翻訳した。しかし、政治上のトラブルにより投獄され、古代ギリシャの知見を後世に遺すというその努力も道半ばで処刑されてしまう。獄中で著したのが有名な『哲学の慰め *De*

Consolatione Philosophiae』である。

下手をすれば本当に古代ギリシャ以来の知的遺産は永久に失われてしまっていたかもしれない。しかし、幸いビザンティン帝国が学者を受け入れ文献を保存していた。すでに述べたように、これをイスラム世界が継承・発展させることで、これらの貴重な知的財産はその連続性を保ち得たのである。

もちろん、ボエティウスの死後の西欧が学問的に全くの空白期間であったというわけではない。例えば大プリニウスらによるローマの百科全書的著作は、ギリシャ起源の純粋科学をラテン語で西欧中世に伝えたし、西欧における古代ギリシャ哲学を完全な忘却から救った三世紀頃の新プラトン主義は、プロクロスの註釈を通じてユークリッド原論の精神をも後世に遺している。しかし、当時の西欧社会が知り得た学問は、基本的にはこれらの著作に限られていたわけであるから、その範囲が限定されていたことは争えない。また、民族大移動期の政治的混乱は、科学の創造的発展を培養する環境ではなかった。この限界を越えて西欧世界が過去の〈失われた知識〉に目覚めるきっかけとなったのは、十二世紀に盛んとなるアラビア語からラテン語への大翻訳活動、いわゆる「十二世紀ルネサンス」という動きである。

その前史はすでに十世紀終わりから始まっていた。後に法王シルヴェステル二世となるフランス人ゲルベルトゥス（九三〇頃～一〇〇三）は、イベリア半島のカタルーニャ地方でアラビア数学に接し、すでにその内容のいくつかを西欧に伝えていた。ゲルベルトゥスが伝えた数学には、すでにアル＝フワリズミーの代数学が含まれていたことは、我々にとっても特に重要である。

十二世紀に入ると、このようなイスラム世界からの知的財産の輸入は本格的になった。バースのアデラード（一〇八〇頃～一一五二頃）は新しい知を求めてシチリアやギリシャ、パレスチナなど、イスラム社会やその近隣地域を旅して回り、多くの新しい知識を吸収した。彼はさらにアラビア語をも身につけ、イスラム世界から持ち帰ったアラビア科学・数学の文献の多くをラテン語に翻訳した。我々にとって重要なことは、それらの中には『ユークリッド原論』全巻の翻訳も含まれていたことである。また、クレモナのジェラルド（一一一四頃～八七）はイベリア半島でイスラム科学の洗礼を受け、プトレマイオスの天文学書『アルマゲスト』をラテン語に翻訳している。

これらの知識輸入活動が十二世紀という時節に起こった背景には、十字軍やレコンキスタ運動を通して、西欧の目が東方に開かれたことがある。彼らはビザンティンやイスラムの知識の一端に触れ、西欧社会がこれらの知識において決定的に遅れていることを肌で感じたのであろう。十二世紀ルネサンスにおける大翻訳活動の背景には、このような劣等感と、東洋に追いつき追い越せという若々しい情熱があった。

私はウィスコンシン大学の人文科学研究所で、当時そこの所長であった中世科学史の碩学マーシャル・クラーゲット博士といっしょに、十二世紀のラテン語の古文書を読んでいた。それはバースのアデラードが、アラビア語からラテン語に訳したギリシャの数学書であった。たどたどしいアラビア語の音訳をまじえた、このマニュスクリプトの行間から伝わってくるものは、この西欧の先駆的知性が、当時の高いアラビア文化の強烈な光にあてられながら、孜々としてオリエントの先進文化を学び吸収しようとしていた生々しい情熱であった。それはあたかも、明治のはじめにわが日本のインテリたちが西欧の文物をはじめて翻訳し消化吸収しようとしたあの意気込みにも似た、進取の気性と劣等感の入りまじった複雑な若々しい精神の高揚が感じられるのであった。

（伊東俊太郎『文明の誕生』、『伊東俊太郎著作集第9巻』所収、一五頁）

幾何学と代数学

こうして西欧はアラビア数学の知識を引き継ぐことになった。そしてアラビア数学の伝統を通して、間接的にインド数学の体系にも触れたことになる。しかるに近代西洋数学はその出発点において、ギリシャ、インド、イスラム等の種々雑多な数学のブレンド状態から始まることになったわけだ。このことは近代西洋数学を特徴付ける上で、極めて重要なことだと思われる。

もちろん、進んだ数学や科学の知識を吸収した西欧社会が、それと同時にすぐさま本格的に彼らの数理科学を始動させたわけではない。十二世紀ルネサンス以降の西洋数理科学においては、フィボナッチ（一一七〇頃～一二五〇頃）やカルダーノなどの進歩的な人々がいたとはいえ、しばらくはこれら〈輸入型〉知識の受容・普及の期間が続く。ユークリッド幾何学に代表される「幾何学」は、ピタゴラス以来の論証的〈証明〉という数学のやり方として認知されていた一方で、インド・アラビア渡来の「代数学」は〈計算〉中心のアルゴリズム数学である。この両者の間では、第2章の終わりに論じた「正しさの認識における三要素」の「流れ」が決定的に異なっている。

前者においては、「流れ」は演繹的証明の論証過程であったのに対して、後者ではそれは代数・算術の計算過程だったわけだ。この二つが溶け合って、そこから新しい数学が始まるには四百年ほどの時間が必要であった。その間、西洋数学はこれら二つの数学の狭間で葛藤するのである。

フィボナッチはすでに十三世紀初頭に『算盤の書』を著し、アラビア数学における算術を西洋に紹介した。イスラム世界における記数法や算術は、インド発祥の十進位取り記数法や、これを利用した計算法をもとに発展しているわけだから、フィボナッチを通じてインド・アラビア算術の伝統が西洋に持ち込まれたことになる。フィボナッチの『算盤の書』は、このインド・アラビア算術がギリシャ・ローマ的なものよりも格段に優れたものであることをわかりやすく説き、その西欧社会への普及に貢献した。もっとも、その普及は急速なものではなかったであろうと思われる。新しく便利な記数法と算術が、瞬く間に一世を風靡するというようなものではなかっただろう。実際、教会や政庁における公文書にはずっと後々までローマ数字が残った。たとえ優れた方式があっても、それまで慣れ親しんだ方法を捨ててしまうことはなかなかできないものである。新しいものの受容の過程には、必ずや保守志向との葛藤がつきものだ。それでも、例えばレオナルド・ダ・ヴィンチ（一四五二〜一五一九）の手稿には、現在我々が小学校で習うような積み算による計算の跡が見て取れることから推定しても、遅くとも十五世紀までにはインド・アラビア的記数法と計算方法は西洋社会に広く普及していたものと思われる。

実際、インド・アラビア数学の新しい方法をいち早く取り入れていたのはイタリアである。そこではフィボナッチ以来、代数学の伝統が開花した。その一つの到達点はボンベリ（一五二六〜七二）による複素数をも含めた代数学の構築である。2乗して負の実数になるような〈数〉、いわゆる〈純〉虚数をも含むように、数の体系を拡大しなければならない、つまり複素数を考えなければならないのには深い理由があった。デル・フェッロ（一四六五〜一五二六）やタルタリア（一四九九または一五〇〇〜五七）らによる三次方程式の一般解法によれば、たとえ最終的な解として実数が得られる場合でも、途中で解く二次方程式は虚数解を持つことがある。そのため、虚数は何らかの形で〈数〉として認知される必要性があったのだ。

とはいえ、このような形での虚数の出現が、当時の人々にとって「幾何学」と「代数学」の溶解を非自明なものにしたことは容易に想像できる。ユークリッド以来の公理に基づく論証的な数学体系は、前述のボエティウスやプロクロスを通じて西欧に伝えられていた。先にも述べた通り、イスラム数学の担い手たちは演繹的証明を儀式的に行うことにあまり煩わされなかったが、自らを古代ギリシャの遺産の正当な継承者だと位置付ける中世西欧の人々は、アラビア人たちよりもいくぶんかはユークリッド的な儀式的厳密性の精神が強かったと思われる。そんな中で、ギリシャ的なやり方よりもはるかに柔軟性に富んだインド・アラビア的代数学がもたらされた。それは〈正しい〉結果を導くという意味では有用であるが、その厳密性については（虚数の出現などもあり）当時の数学者たちをまごつかせたであろう。しかるに〈計算〉ベースで正しい答えを発見させ、その正しさを〈論証〉ベースで確認できるだけの厳密性をも兼ね備えた新しい学問——当時の人たちはこれを「解析学」と呼んだ——が創造される必要があった。そして、十六世紀の終わり頃には、その機が熟していたのである。

近代西洋数学の成立

近代西洋数学がそれまでの〈輸入型〉数学のパラダイムから脱皮し、彼ら独自の数学を本格的に開始したのは十七世紀頃のことであった。その端緒となったのは十六世紀末のヴィエト（一五四〇～一六〇三）による『解析技法序説』という著書である。この中でヴィエトは未知数や既知数などを徹底的に記号化した数学のスタイルを提唱した。我々が中学校や高等学校などで習う「文字式の計算」がここに始まったわけだ。先に述べたように、アル＝フワリズミーによって始められた代数学は、当初は「修辞代数学」というもの、つまり基本的には文章を用いて数式や数式の変形を表現するというものであったことを思い出そう。ヴィエトの仕事はこれを、より近代的な「記号代数学」へと向かわせるものであったと言うことができるだろう。それまでは方程式にしても算術の問題にしても、文章では具体的な例でしか表現できなかったものを、一般的な状況で論じることができるようになった。またこれによって、数式の〈形〉や〈パターン〉が顕在化し、考察の対象となったことも重要な一面である。言うなれば、ヴィエトによる数学のパラダイム革新によって、前章でも述べた「数学の算術化」への道がさらに開かれたわけだ。

ヴィエトの「解析技法」による数学の視座の刷新は、時の数学に様々な波及効果をもたらしている。例えば、ケンブリッジ大学の初代ルーカス数学教授（ニュートンの前任者）のバロウ（一六三〇～七七）は、ヴィエトのプログラムに沿う形で『ユークリッド原論』を算術的に書き換えるという試みをしている。また、フェルマー（一六〇七または一六〇八～六五）はアポロニウスの『円錐曲線論』を算術的に解釈し直し、これらが今日言われるところの「二次曲線」というものになっていることを認識していた。このように、それまでの論証的な〈証明〉によってアプローチされていた数学（当時の言葉では「幾何学」）を、ヴィエトの打ち出した方針にしたがって計算中心のスタイルで再解釈するという動きが開始されたのである。従来の〈証明〉一辺倒な状況から、〈計算〉のウエイトが飛躍的に高い新しい数学の方法が形成されつつあったというわけだ。

西洋数学におけるこの「数学の算術化」の流れを、さらに決定付けたのはデカルトである。デカルトはそれまでの「幾何学」と「代数学」に一見二分されているように見える数学を統一し、一般的・普遍的な学問としての数学の構築を目指した。その途上には前述した「数と線分の関係」に関する新しいアイデアがある。また、文字通り幾何学を算術化するという意味で重要なのは、いわゆる座標系の導入である。平面上の点を、その水平方向の座標（x座標）と垂直方向の座標（y座標）の二つの数の組(x, y)で表示するというアイデアは、図形を算術の対象に翻訳することを可能にした。このやり方を用いれば、平面上の図形はxとyの間の（例えば代数的な）関係式「$F(x, y)=0$」で記述できるからである。

こうして、十七世紀になってようやく西洋数学は独自のパラダイムを創造するに到った。この基盤の上に、いよいよ近代西洋数学の最初の山場である「微分積分学」の創成が始まることになる。

微分積分学の勃興

前述のように、ギリシャやアラビア・インドの数学を手に入れた西欧では、十六世紀から十七世紀にかけて次第に数学全体を算術化し、正しさの認識における「流れ」に計算のウエイトを増大させる動きが活発になった。そのような中でアルキメデスの著作がラテン語に翻訳され普及していく。ヴィエト以来の記号算術による解析手法は、ここにも新たな応用先を見出したのである。ただ、それまでの『ユークリッド原論』やアポロニウスの円錐曲線論などと違うところは、アルキメデスの著作は陰に無限や無限小をあつかっていた点である。したがって、我々が第7章で概観したようなアルキメデスの仕事を算術化するためには、無限や無限小といった概念を陽に記号化しなければならなかった。すなわち、「無限小算術」が発明されなければならなかった。アルキメデスは直観的方法としてはこのような無限小の考え方を用いていたにしても、それを議論に用いることは回避し、その結果〈計算〉ではなく〈証明〉による議論を採用していた。その背景には、おそらくエレア派のゼノン以来の「無限分割可能・不可能性」への古代ギリシャ特有の鋭敏さがあったことは、すでに何度も述べた通りである。十七世紀以降の近代西洋数学が目指したことは、このアルキメデスが回避したこと、すなわち無限や無限小を〈計算〉ベースであつかう方法を確立することだったわけだ。現在でも微分積分学は「カルキュラス *calculus*」と呼ばれるが、そのラテン語源は計算盤などで用いられる計算用の「小石」という意味である。しかるに「微分積分学＝無限小算術」は、その草創期から〈計算術〉としての意味合いが強い学問なのだ。

無限小算術、すなわち「微分積分学」の前史的試みには様々なものがあるが、特に有名なのはガリレオの弟子の一人であったカヴァリエリ（一五九八頃～一六四七）による、いわゆる「カヴァリエリの原理」がある。その一連の著作の中で彼はすでに「不可分者」、すなわち分割不可能な原子について論じており、続く時代における論争の種を胚胎している。

微分積分学はニュートン（一六四二～一七二七）とライプニッツ（一六四六～一七一六）によって独立に発見された。ニュートンはその微分積分学の動機として、次の二つを出発点としている。

①運動の、任意に指定された時刻における速度を見出すこと。
②逆に速度の変化が時間の関数として与えられたとき、そこから運動を復元すること。

ここで①が時刻を表す量での「微分」を目指し、②が積分を目指したものである。このことからもわかるように、ニュートンにとっては微分・積分の考え方の端緒に運動学がある。地上の物体の運動から宇宙の惑星の運動まで、すべての運動の背後に潜む数学的な原理を発見したいということがニュートンにとっての最も重要な動機であり、微分積分学の発想も、つまるところそこから生じたということだ。

しかるに、ニュートンにとっては物体の時間に対する位置の変化率、いわゆる「流率」と呼ばれる概念、現代的な言葉では時刻を表すパラメーター「t」での微分係数と呼ばれるものが最初の考察の対象である。時刻 t における物体の位置が $x(t)$ で書かれるなら、これは時刻 t での物体の速度を求めることだ。しかし、速度を求めるためには、ほんの少しでも物体を動かしてみなければならない。時間がΔtだけ変化したとき、位置は$x(t+\Delta t)-x(t)$だけ変化する。よって、その変化率（速度）は、

$$\frac{x(t+\Delta t)-x(t)}{\Delta t}$$

となる。これは時刻tにおける速度というよりは、時刻がtからΔtだけ変化する間の「平均速度」を計っている。しかし、ニュートンが欲しかったのは、まさに「時刻tにおける速度」、つまり時刻tという〈瞬間の〉速度というものなのであった。

このようなナイーブな考え方が、たちまち不合理を導くことは明らかだ。第6章で述べた「矢の逆理」を思い出してほしい。運動の〈瞬間〉を考えることは、運動しているものをスチール写真のように停まっているものとして捉えてしまうことである。これがエレア派をして「運動の否定」へと導き、そこから醸し出される問題意識は空間・時間の無限分割可能性・不可能性というアポリアを生んだのだった。瞬間を考えてしまうことは時間の変化Δtを0にしてしまうことであるから、先の速度の式の分母が0になってしまうことになり、数学的にもこのままでは問題がある。現代的な見方を用いれば、ニュートンの流率は極限概念を用いて、

$$\dot{x}(t)=\lim_{\Delta t\to 0}\frac{x(t+\Delta t)-x(t)}{\Delta t}$$

と書ける。これは時間間隔Δtが0に〈近付く〉ときに変化率（平均速度）が近付く値という意味であるから、その瞬間の変化率というものとは多少なりともニュアンスが異なる。

このように微分法には、すでにその基本的な考え方の背後に、第6章で述べたような「無限分割可能・不可能性」についての根源的アポリアが潜んでいる。この問題が古代ギリシャ人たちに与えた心理的トラウマによって、彼らは無限にまつわる諸問題の「計算」を回避し、もっぱら「証明」することに向かわせたのは以前述べた通りである。しかし、ニュートンはこの問題に心理的な抵抗感を感じることはなかった。

微分積分学の創始者たちが「無限分割可能・不可能性」のアポリアに、いかに心理的抵抗感がなかったかを示すさらに格好の題材は、もう一人の創始者であるライプニッツによる「微分積分学 *calculus differentialis*」である。ライプニッツは、量xと量yが何らかの関係にあるとき、xの微小な変化とyの微小な変化の間の関係を問題にした。その意味では、ライプニッツの出発点はニュートンのそれのような運動学起源のものより一般的な状況を捉えることにあったわけだ。しかし、これを定式化するに当たって、最初に彼がしたことは、量xと量yのとり得る範囲を無限分割することである。まさに「無限分割」によって微小変化を捉えるところにライプニッツによる微分積分学の出発点があるのだ。その無限分割によって「xとその〈隣りの〉値の差」を考

え、これを微小変化「dx」とするのである。そして、これを踏まえて、これらの微小変化の間の関係を比、

$$dx : dy$$

として捉える。例えば、量xと量yの関係が関数関係$y = f(x)$であるとき、この比を分数、

$$\frac{dy}{dx}$$

で考えれば、これは現代的にはyのxによる微分（導関数）である。

ただ、現代的な微分が「極限」――つまり、xの変化量を限りなく小さくしたときにyの変化量との比が限りなく近付く値――として定義されるのに対して、ライプニッツのやり方ではまさに〈瞬間の変化〉とでも言えるもの自体の直接的な比として考えられていることは注意を要する。比が近付く値ではなく、もっと直接的に瞬間の比なのだ。

ライプニッツが〈微少量〉を「解析学」という数学の舞台上の正当な登場人物として――すなわち、〈計算〉ベースの算術の対象として――定式化するために、量の無限分割を出発点としたことは、無限分割がもたらす数々のアポリアを目の当たりにしてきた我々には少なからず衝撃的である。ニュートンにしてもライプニッツにしても〈瞬間の〉変化量を相手にする限り、ゼノン

の逆理がもたらす深刻な批判にまともに晒されることは回避できない。実際、後述するバークリー司教による辛辣な批判は、この点を厳しく糾弾する。

要するに、ニュートンやライプニッツなどの十七世紀西洋数学の担い手たちは、エレア派以来の運動のアポリア――エレア派をして現実の存在様態と論理的な思考様態の間の根源的不一致に気付かせた問題――のような問題に鈍感であったのだ。近代西洋数学は背理法などの演繹的証明法や公理論的数学のやり方などを古代ギリシャからの遺産として引き継いだが、無限や無限小に関する心理的恐怖感は引き継がなかったのである。そして、これは数学の発展にとっては幸いなことであった。というのも、ニュートンやライプニッツによって始められた微分積分学によって、その理論的正当性はともかくとしても、無限や無限小を含むような問題に対して、我々は〈計算〉によって解答を得ることができるようになったからである。これはヴィエトやデカルトによってもたらされた基盤に立って、さらに数学を算術化することへと向かわせた。

無限小算術の「基盤」

ニュートンやライプニッツが構想した「無限小算術＝微分積分学」は、それまで「証明」という通過儀礼を経なければその〈正しさ〉を留保できないと思われていた諸問題に、「計算」によるアプローチを可能にした。しかも、それは多くの場合正しい答えを導き出すという意味でも、極めて有用であった。確かに、その基礎部分には無限分割などのパラドクシカルな部分があり、その論理的正当性は疑わしかった。しかし、そのようなオカルト的前提を基盤世界として認めてしまえば、そこには広大で美しい解析学の沃野が広がっていたのだ。実際、ニュートンやライプニッツによる「微分積分学の基本定理」は、無限小算術である微分と、面積や体積を求める積分が、算術として互いに逆演算になっているという驚くべき新たな対称性を数学にもたらしたのである。

しかるに、その〈正しさ〉はもはや疑いようがなかったはずである。問題は、その正しさを引き受ける「基盤」世界にあった。いささか極言すれば、それは〈信仰〉の問題でもあったのである。実際、アルキメデス的な証明による求積法のアプローチも、第7章の終わりにも述べたように、その〈正しさ〉の根底には背理法や大きい数に関する何らかの原理（アルキメデスの公理）があり、これらを自然なものとして〈信じる〉ことから始まっていなければならなかった。その意味では、無限分割という信仰を基盤として構築された無限小算術という解析学の楼閣も、アルキメデスによる証明と同じく「様式化された正しさ」という点では同格なのだ。ただ、前者と後者では、その基盤となる信仰教義の「自然性」とでも言えるものが異なっていた。背理法の原理は——もちろん、第6章で述べた「存在」に関する不自然性は否定できないにしても——第1章で例示した電車の中でのAさんとBさんの会話に示唆される程度の自然性・妥当性を備えている。しかし、無限分割についてはそうはいかない。その正しさの様式を確立するためには、さらに大がかりな「基盤」が必要だ。実際、十九世紀数学が極限概念を基軸に微分積分学の基礎を固めたのは、まさにこのような意味においてであった。実際、微分積分学における「無限小算術」には様々なレベルでオカルト的要素があった。そのオカルトを踏み台として、全く新しい〈正しさ〉

の様式を基盤として開拓することが、十九世紀以後の現代数学に課せられた課題となったのである。

ゼノンの再来

このように、微分積分学が何らかの意味において〈正しい〉ことは多くの人々によって認識されていたにしても、その〈正しさ〉を支える基盤世界の構築・共有は後回しになった。すなわち、十七世紀当時の無限小算術の正しさは、まだ基盤的様式のない宙づりの状態にあったのである。しかるにその基盤世界の構築・受容が多かれ少なかれ〈信仰〉の問題であった以上、人々の中にその〈正しさ〉を深刻に疑問視する人が出てくることは必至であった。実際、ニュートンとライプニッツによる微分積分学の構築は、彼ら二人による熾烈なクレジット争いの他に、その論理的正当性に対する論争をも引き起こしたのである。その中でも有名なのは、バークリー司教（一六八五〜一七五三）によるものだ。

バークリー司教は著書『解析学者 *The Analyst*』の中で、微分積分学がその基礎部分に抱えている論理的不整合性を辛辣に批判している。その批判の口上には、まさに「無限分割可能・不可能性」から生じる逆理を通して無限小にまつわる論理と現実との乖離を痛烈に警告した、エレア派のゼノンの再来をも感じさせるものがある。

『解析学者』は、正式書名『解析学者、または不信心な数学者に提出された論説、そこでは最近の解析学の目的・原理・推論が宗教的不可思議や信仰の問題よりも明瞭に考えられるか、またはより明らかに演繹されるかについて吟味される』として一七三四年に出版された。ここで「不信心な数学者」として批判の矢面に立たされているのはエドモンド・ハレー（一六五六〜一七四二）だとされているが、内容はハレーに限らず、微分積分学を信奉する当時の解析学者たち一般に向けられた批判状だとも見なせる。本文は第一節から第五十節まであり、本文のあとに六十七個の公開質問が置かれている。まずは序の節（第一節）の直後から、バークリーの議論を概観してみよう。

【第二節】……明快な定義、拒否できない前提、否定しようのない公理。確かな考察と図形の比較から、対象を常に視野に入れつつ不断の注意力を注ぎながら、切れ目なくうまくつながった帰結の鎖によって物事の性質を導くこと。これらによってこそ綿密で完全で秩序だった論理的思考の気質が実現されるのであり、それは精神を強化し研ぎすまし、他の題材に転用されれば、真理の探求のための一般的方法となるのである。しかし、件の幾何学的解析学者たちには、これがどれほど当てはまるだろうか。これは考察に値する。

【第三節】……同一時間内に生成される量は、それが増大し生成されるところの速度の大小に応じて増減するが、生成される運動の速度から量を決定するための方法が見つかった。その速度は流率 fluxions と呼ばれ、それによって生成された量は流量 flowing quantities と呼ばれる。流率とは大体において、最も微細な時間の小片において生成された流量の増分、正確には、発生における最初の比、あるいは消滅における最後の比だと言われている。時おり、速度の代わりに、未定流量の瞬間的な増減が考えられ、モーメントと呼ばれる。

【第四節】モーメントとは有限の〔長さを持った〕小片だと理解してはならない。それらはモーメントではなく、モーメントによって生成された量である。モーメントとは有限量の発生の素因である。次のように言われている。数学においてはどんなに小さな誤りも無視してはならない。流率とは迅速さである。それは、どんなに小さな有限増分とも比較できない。それはただのモーメントであり、初動の増分であり、そこでは量ではなく、比のみが考えられる。そして、その流率に対してまた別に流率があり、この流率の流率は第二流率と呼ばれる。さらに、この第二流率の流率は第三流率と呼ばれ、こうして第四、第五、第六というように無限にあるというのだ。さて、極度に小さな物を知覚しようとして感覚を酷使し当惑させられるように、感覚から由来する能力であるところの想像力すらが、時間の最小の小片や、それで生成された最小の増分についての明確なアイデアを構成するに際して非常に酷使され当惑させられるのである。モーメントや、初動状態 statu nascenti における、有限量となる前の最初の源における、あるいは存在しようとしている刹那における流量の増分を理解するには、さらなる努力が必要だ。そして、さらに困難に思われるのは、このような発生しつつある不完全な実体の、あやふやな速度なるものを想像することだ。しかし、その速度の速度、第二の、第三、第四、第五の速度などは、私が間違っていなければ、人間の理解力を超えている。このような気まぐれな妄想を分析し追求すればするほど、精神は戸惑い、何がなんだかわからなくなる……

このように、『解析学者』の出だしにおけるバークリーの議論の中心は、〈瞬間の〉変化量（比）である流率（微分係数）が、人間の理解力や想像力を超えたものであることにある。直観的な理解力を超えているなら、その〈正しさ〉を留保するためには水も洩らさぬ論理的思考の鎖で、これを正当化しなければならないだろう。そのようなことが本当にできるのか、そのようなことを解析学者たちはやってきているのか、といった点がバークリーの関心事である。バークリーの批判の矛先は、英国の解析学だけにとどまらない。大陸側で発展しつつあったライプニッツ以来の微分積分学にも及ぶのである。

【第五節】外国の数学者たちは、一部の人々や我が国の人々すら言うところでは、おそらく厳密さや幾何学性の点では劣るが、よりわかりやすい方法で物事を行っている。流量や流率の代わりに彼らは有限量の変数を考え、これは無限に小さい量の連続的加法や減法によって増減するということだ。増分を生成するところの速度という考え方の代わりに、彼らは増分・減分自体を考え、これらを微分〔差分 differences〕と呼んでいる。そして、微分は無限に小さいものとされているのだ。線分の微分とは無限に短い線分であり、平面の微分とは無限に小さい面片である。彼らの考えでは、有限の量は無限に小さな部分からなり、曲線とは無限に小さな辺を持つ多角形なのであり、その曲がり具合は各辺がとなり合う辺と作る角度によって決まる。告白するが、無限に小さい量、すなわちどんな知覚可能で想像可能な量よりも、あるいはどんな最小有限量よりも無限に小さい量を思い描くことは私の能力を超えている……

【第六節】しかしながら、流率の理論と同等の目的と結末をもたらすというその微分学calculus differentialisにおいては、現在の解析学者たちは有限量の微分を考えるだけでは満足しない。彼らは微分の微分を考え、微分の微分の微分を考え、というように無限に続ける。……そして（最も奇妙なことに）これらの無限小、そのそれぞれは他の実量よりも無限に大きいというそれらの無限小を百万倍して、さらにまた百万倍して、最小の与えられた量に加えたとしても、それは決して大きくならないというのだ。なにしろ、これが現在の数学者たちの穏当な前提postulataの一つなのであり、彼らの憶測の礎石あるいは土台なのだから。

最後の部分で述べられているのは、我々も第7章で述べたアルキメデスの公理「いかなる量も自分自身以上の量を加えていくという作業を何回か繰り返せば、与えられたいかなる量よりも大にできる」との不整合性であろうと思われる。無限小や、さらに高位の無限小を考えて算術をすると、我々が小さな数や大きな数に対して抱いてきた、確固とした直観と真っ向から矛盾する。無限小はどんなに多く加えていっても有限量となることはないし、与えられた有限量を超えることはできない。その意味で、それらを算術の対象とすることには重大な問題がある。それにもかかわらず、解析学者たちはこれらを対象として縦横無尽にあつかい、そこにかなり複雑な算術的構造すら付与する。

【第十一節】……時間の有限片から生成された増分はそれ自体有限の小片である。ということは、それはモーメントではない。したがって、あなた方の言うモーメントを生成するには、時間の無限小部分を考えなければならない、モーメントの大きさは考えない、と言われる。しかしながら、その同じモーメントが部分に分けられるというのだ。これは簡単には理解できない……

論理的不整合

これら流率や無限小がもたらす概念上の問題点から一歩進んで、バークリーは次に流率の計算法における論理的不整合を問題とする。ここでバークリーが問題とするのは、以下のような流率（微分係数）計算である。例えば、$x(t)=t^2$ の流率を計算する場合、当時の人は次のように行った（形の上では現在でも同様である）。まず、時間 t を少しだけ変化させて $t+o$ とする。この変化における流量の変化 $x(t+o)-x(t)$ を時間変化 $t+o-t=o$ で割ったものが変化率である。実際に計算すると、

$$\frac{x(t+o)-x(t)}{o}=\frac{(t+o)^2-t^2}{o}=2t+o$$

となる。求めるのは〈瞬間の〉変化量であるから、ここで時間変化 o はゼロとしなければならない。よって $2t+o$ に $o=0$ を代入して得られた $2t$ が求める流率となる。

$$\dot{x}(t)=2t.$$

以上の計算には、明らかに論理的困難が含まれている。当初は時間変化（増加分）「o」で割り算をしているから、これはゼロであってはならない。これは当然のことで、速度のような変化率を求めるには、ほんの少しでも有限の幅だけ時間を変化させなければならないからだ。しかし、その後でこの増加分「o」はゼロとされてしまうのである。バークリーはこのような不整合的計算の問題点を追及する。

【第十五節】二つの矛盾し合う仮定からはいかなる正当な結論も導きだせない、ということほど明白なことはない。あなた方は実際どんなことを仮定してもよい。しかし、その後は最初に仮定したことを破壊するようないかなる仮定もしてはならない。さもなければ、改めて *de novo* やり直さなければならない。したがって、もし増加分が消える、つまり増加分はなかったと仮定するならば、あなた方は〔議論を〕やり直し、その仮定から何がしたがうのか見るべきである。……

この議論からもわかるように、バークリーが攻撃しているのは、微分積分学などの「無限小算術」の〈正しさ〉なのではなく、そこに到るまでの論理である。おそらくバークリー自身も微分積分学が正しいものであること、それがほとんど常に正しい結論を導く手法であることを十分に認めていたであろう。しかし、単に手法的な便利さや、結果論としての正しさだけでよいのか、ということが問題なのだ。堅固な論理的基盤の上にしっかりと正当化されなければ、古代ギリシャ以来の幾何学的伝統を継承する数学という学問の一分野とは言えないのではないか。これでは宗教的神秘や信仰の問題と何ら変わりがないのではないか。

【第二十節】私はあなた方の結論に対して議論しているのではない。あなた方の論理と手法に対してのみ議論しているのだ。あなた方はどうやって証明するのか？　どんな対象にあなた方は精通しているのか？　それらを明瞭に思い描いておいでか？　いかなる原理に基づいているのか？　それはどれだけ堅実なものなのか？　そして、それをあなた方はどのように適用しているのか？　思い出されなければならないことは、私はあなた方の定理の正しさを問題にしているのではなく、専らそれらに到る道筋を問題にしているということだ。それがまっとうなのか否か、明快なのか曖昧なのか、科学的なものか暫定的なものか、ということである。……

【第三十五節】……幾何学の目的やその結末がこれまでよりもよりよく理解されない限り、これらの難解で繊細な幾何学を正しい土台の上に基礎付け、速度やモーメントなどといった教義を回避しようというすべての試みは実行不可能だろう、という懸念は全く理にかなったものである。流率法の偉大な考案者〔ニュートンのこと〕もこの困難を感じており、そしてそのため、それ無しでは一般に容認され得る原理の上には何もできないだろうところの、ごく立派な抽象化や幾何的形而上学に屈服した。そしてこれらを動員して彼が証明の中でやってきたことどもを裁くのは読者である。実に認知されなければならないのは、彼が流率を、建物を建てるときの〔一時的な〕足場のように、有限の線〔有限量〕が合比的に見つかるや否や、捨て去られ取り除かれるべきものとして使用しているということだ。しかし、これら有限の指数どもは、まさに流率によって得られているのである。すなわち、およそこれらの指数や比〔の値〕の帰すべきところのものは、まさにその流率に他ならないのだ。しかるに流率とは前もって理解されておかなければならないものである。されば、流率とは何か？ 消えつつある増分の速度か？ されば、その消えつつある増分とは何ぞ？ それは有限量ではなく、かと言って無限に小さい量でもないし、また無でもない。それは死した量の亡霊とでも呼ぶべきものではないだろうか？

以上を踏まえて、バークリー司教の批判は、解析学者たちへの次のような警告的メッセージに最終的な結論を見出すことになる。

【第四十九節】瞬間の増分や、生じつつあると同時に消えつつある量、高次の流率や無限小といったものは、実際のところはっきりしない実体であり、明瞭に想像したり考えたりするのがあまりに難しいので、（控えめに言っても）明白で精密な科学の原理や対象と認めることはできない。また、あなた方の不明瞭で理解不能な形而上学は、あなた方の確証への自負心を鎮めるのには十分だったかもしれない。しかしながら、私に間違いがなければ、次のことはさらに明らかにされなければならない。すなわち、あなた方の観念が明らかでないのと同じようにあなた方の推論は正当でないのであり、あなた方の論理はあなた方の形而上学と同様に反論の余地がある。全体として見ると、次のように言えそうだ。すなわち、あなた方の結論は明快な原理から正当な論証によって達成されたものではなく、その結果、最近の解析学を用いることは、それがいかに数学的計算や構成に便利であろうとも、明瞭な把握と正当な推論を精神に習慣付け資格付けるものではない。結論を言えば、この気質のためにあなた方にはあなた方固有の領域を超えて、あなた方の判断も他の人々の判断と同じ程度にしか通用しないであろう領域にまで口を出す権利はないのである。

第10章
西洋科学的精神

西洋数学の十九世紀革命

ニュートンとライプニッツによって発見された「無限小算術＝微分積分学」は、それまで演繹的論証を「流れ」とする図式でのみあつかわれていた数学的現象を、計算を「流れ」とするやり方でもあつかえるようにした。その結果、微分算と積分算との間の対称性である「微分積分学の基本定理」が発見され、それまでの数学のやり方からは予想もつかないような豊かな数学的土壌を開拓することができた。その土台部分がいかに脆弱でオカルト的であっても、その後も微分積分学はどんどん発展したのである。その一方で、バークリー司教は「流れ＝論証」という古代ギリシャ以来の伝統的視点から、微分積分学内部の論理的不整合性を攻撃した。

第2章終わりに述べた「基盤・流れ・決済」という「正しさの認識における三要素」において、古代ギリシャ以来の論証的数学は直観的決済、すなわち論証の「決済」から「見る」を極端に縮小し、それによって公理論的な形式的言語という「基盤」を整備した。一方、インド・イスラムなどの東洋数学は物事を計算ベースで実行する算術的・代数的アプローチに優れ、その議論の「流れ」の中心は「計算」にあった。そのため、彼らの数学は修辞的代数の抽象語という「基盤」の上に、数や図形を「見る・観る」という「決済」の方法を採用していた。つまり、彼らの数学は良くも悪くも自然言語との連続性を保ち、直観的であったわけだ。

以上二つの数学の伝統を取り入れた近代西洋数学は、これら二つの異なる認識スタイルの数学から取捨選択し、新しいスタイルの数学を構築しようと努めた。ことに「流れ＝論証」という従来のスタイル、以前用いた言葉を使えば「幾何学的」スタイルに、「流れ＝計算」という「代数学的」要素を徐々に加えていったのである。これが前述した「数学の算術化」という動きなのであった。

しかし、証明中心の演繹的スタイルと計算中心の算術的スタイルは、そう簡単には融合しなかった。そんな中で無限大や無限小といった〈超準的〉問題に、数学の算術化は挑んでいったのである。すなわち「無限小算術」が発明されたのであった。しかし、それは便利で正しい結果をもたらすものであったにもかかわらず、これを安心して実行するための「基盤」整備が遅れていたために、その議論のスタイルは辛辣な批判に晒されることになった。無限小を安心してとりあつかう「基盤」的言語・信仰の世界観が構築・共有されないままに方法だけが独走することによって、当時の数学における〈正しさ〉の認識スタイルは軋み始めたのだ。傍目には、そのしわ寄せが直観的「決済」の自己欺瞞的な受容へと及んでいるとも見えたであろう。バークリー司教はこの状況に危機感を感じ、当時の解析学者に警告を発したというわけだ。
というわけで、「無限小算術＝微分積分学」のための堅実な認識の「基盤」を整備することは、後世の課題となった。これに取り組んだのが、十九世紀以降の西洋数学である。

近現代西洋数学の、そしてひいては現代数学全般の歴史において、十九世紀というエポックは特別の重要性を持っている。そこでは「西洋数学の十九世紀革命」とも呼ぶべき、極めて大きな革新があったのだ。十七世紀から本格的に始動した近代西洋数学は、十九世紀において爆発的な進歩を遂げることになる。そこに繰り広げられる様々な革新は、数学の方法や技術だけにとどまらず、その思想的な背景にまで及んでいる。

十九世紀革命において西洋数学が獲得した最も重要な要素の一つは、その抽象的自由性である。数学は確かに高度に抽象的な知的マシンへと変貌することになったのであるが、同時に、おそらくそれまでには予想もできなかったような自由で広大でダイナミックな沃野を手に入れることになった。

ことさらに十九世紀というエポックにおいて、数学がそれまでになかった全く新しい新鮮さと自由性を獲得できた背景にも、多種多様な複合的要因が考えられる。その中でもとりわけ重要なのは、おそらく当時の社会的情勢の変化によるものだ。十八世紀終わりから十九世紀前半にかけての西洋は、まさに「革命の時代」であった。フランス革命が起こったのが一七八九年である。革命はただ一過性の現象だったわけではなく、その後の社会に変動の大きなうねりをもたらした。革命の新しい精神はフランスを超えてヨーロッパ全域に波及する。良くも悪くも、当時の西洋社会は大変革を経験せざるを得なかったのだ。

このような社会的要因から帰結される変化の中でも、ことに数学史的に重要なのは、この変革によって教育が普及し、数学という学問自体が大衆化していったことである。革命直後のフランスではエコール・ポリテクニークなどのグラン・ゼコールが開学した。そして、主に富国強兵の軍事的要請から開設されたこれらのエリート教育の場で教えられたのは、砲兵術などの実学よりむしろ数学を含む基礎科学であったことの意義は大きい。そしてその背景には十八世紀啓蒙主義の展開が大きな役割を果たしている。革命期以前の数学が、主に王立アカデミーなどのサロンに独占されたものであったのに対して、革命後の数学は一般教育の科目となった。エコール・ポリテクニークなどでの教育プログラム確立のために、時の数学者たちはそれまでの数学の知識を一般教育に見合うように体系化していったのである。具体的には、教科書が書かれなければならなかった。そして、この時期に教科書として書かれた中に、時の重要なアイデアが数多く見られるのである。

極限概念

このような時代風潮の中で、「無限小算術＝微分積分学」の「基盤」形成が着手された。ここで検討しようと思うのは、コーシー（一七八九〜一八五七）らによる「極限概念」、いわゆる「イプシロン・デルタ論法」である。

「極限」の概念を整備することが、微分積分学の基礎を固める上で重要なことであったことを思い出そう。ニュートンによる「流率法」の理論の中では、ことに流率「$\dot{x}(t)$」という概念が、その出発点として重要であった。そして、この流率の導入には極限概念が重要なのである。というのも、それは直観的には〈瞬間の〉変化率（速度）とも言うべきものであったからだ。そして、バークリー司教が最も厳しく叩いた箇所も、まさにここなのであった。

現代的な極限概念を説明するために、ここでは簡単のため数列の極限について述べよう。例えば、第7章の「アキレスと亀」のところで述べた式、

$$\frac{1}{2}+\frac{1}{4}+\frac{1}{8}+\frac{1}{16}+\frac{1}{32}+\cdots=1$$

を解釈するために、この左辺の項を（第7章でやったように）一つずつ増やして作った数列、

$$a_1=\frac{1}{2},\ a_2=\frac{1}{2}+\frac{1}{4},\ a_3=\frac{1}{2}+\frac{1}{4}+\frac{1}{8},\ a_4=\frac{1}{2}+\frac{1}{4}+\frac{1}{8}+\frac{1}{16},\ \cdots$$

を考える。「アキレスと亀」の逆理の内容に忠実に、この数列を解釈するならば、この数列$\{a_n\}$は、番号nが増えれば増えるほど1という値に近付くが、しかし、いつまでたっても1に等しくはならないのであった。しかし、その差は番号nが増えるにしたがって、次々に半分にされていくので、第7章で紹介した原理（『ユークリッド原論』第十巻命題1）、

いかなる量もその半分以上を取り除くという作業を何回か繰り返せば、与えられたいかなる量
よりも小にできる

によれば、いくらでも小さくできる。そこで、これが〈極限〉において本当に「1」という値に〈等しい〉――それが実際のところ何を意味するのかは、今のところ直観的でしかないが――ことを証明したければ、これが「1に等しくない」として背理法によって「証明」できたのであった。しかし、これは「証明」による議論なのであって、直接に「計算」できるわけではなかった、というのも以前述べた通りである。

さて、コーシーらによって開発された極限概念を使えば、実は今述べたことは、

$$\lim_{n\to\infty} a_n = 1$$

という〈等式〉で書かれるものに翻訳される。すなわち、少なくとも表向きは、それは「計算」ベースの結果となるのだ。もちろん、ここで「lim」と書いた記号の意味が問題となる。この記号を含んだ右の等式の意味として、コーシーたち十九世紀の数学者たちは次のような定義を与えた。

いかなる正数εに対しても、十分大きく番号Nをとれば、それより大きなすべての番号nにつ

いてa_nと1との差はεよりも小さい。

コーシーらはこの形の定義を用いて極限概念を定式化することで、極限を計算ベースの対象として安心してあつかえるものにすることを目指した。そして、それによって、流率法の基礎を固め、微分積分学の「基盤」の重要な部分を整えることができた——少なくとも、そのように信じられている。

さて、右の定義が意味していることをよくよく検討してみると、じきにある重大なことに気付く。この定義は次のようなことを言っている。最初に「ε」という数が言及されているが、これは〈小さな数〉というような意味に解釈すればわかりやすい。したがって、定義が言っているのは「どんなに小さな数を与えても、ある番号以降のa_nと1との差をそれより小さくできる」、もっと噛み砕けば、a_nと1との差はいくらでも小さくなるということだ。したがって、お気付きだと思うが、この定義は、実は先に挙げた『ユークリッド原論』第十巻命題1の原理と同じことを言っているに過ぎないのである！ この原理は「どんどん小さくなる」とか「極限において0である」という内容を、無限小とか無限分割といった危なっかしい言葉を上手に回避して述べたものとして、すでに古代ギリシャ数学で考えられたものであった。しかるに、右の「極限概念」の定義も「a_nと1との差」において全く同等の内容を述べているに過ぎない。

極限概念を新しく定式化した、と言うと、何か全く新しい技術や方法が開発されたかのような印象を受けるであろう。しかし、その内実は古代ギリシャの昔から知られていた原理と大差ないというわけだ。のみならず、それが『ユークリッド原論』やアルキメデスによる公理とも大差ないとすれば、それは第7章で述べた「アキレスと亀」などの逆理に対して何ら解決を与えるものではないことになる。となれば、それは古代ギリシャ以来の無限分割可能性・不可能性についてのアポリアに対する解答には全くなっていない、ということにもなるだろう。

目を惹くのは、それだけではない。右に与えた「極限lim」の定義は「計算」手順ではなく、文章で書かれている。先にも述べたように、近代西洋数学は古代ギリシャ以来の「幾何学的」伝統、すなわち文章による論証をその論理的「流れ」としたスタイルに、インド・イスラム的な「計算」ベースの論理過程を「流れ」として採用するスタイルを融合させようとして「数学の算術化」に向かい、ひいてはデカルトやライプニッツらによる統一体としての数学の構想、いわゆる「普遍数学」を目指していたのである。しかし、この二つはなかなか溶解せず、その不一致は様々に数学内部の論理的不整合をもたらしていたことは前述の通りである。そうであったにもかかわらず、ここで「無限の計算」を目指して導入されたはずの極限概念は、計算手順・アルゴリズムではなく、論証的なスタイルで定義されている。すなわち、形の上では計算の対象として導入される極限も、その意味付けにおいては論証ベースのスタイルに立ち戻っているわけだ。

問題の回避

問題点を整理すると、次のようになる。

①コーシーらによる「極限概念」の定義の内実は、本質的には古代ギリシャの頃から用いられていた原理の内容と同じである。
②しかも、その定義のスタイルにおいては、古代ギリシャ的な「論証」スタイルが復活している。

最初の点は、特に「極限概念」という近現代的な概念装置をもってしても、今まで我々が見てきたような無限や無限小に関する様々な逆理に対して、何ら有効な解答とはなり得ないことを意味するという点で深刻である。「アキレスと亀」の逆理は、現代的な極限概念や「イプシロン・デルタ論法」のような論理装置の開発によって、現在ではすでに解決済みである、とはよく聞かれることであるし、それは以下で述べるような限定的な意味においては確かに正しい。しかし、今、現代的な極限概念の内実が、実は古代ギリシャの頃のものと本質的には変わらないということになると、古代ギリシャの人々が「現実の存在様態と論理的思考との不一致」を極めて深刻に受け止め、これをできるだけ回避しようとしてきたのと全く同様に、これらの現代的な概念装置がもたらすものも問題の解決などではなく、やはり回避に他ならないということにもなるだろう。

また、右の第二の点は、コーシーら十九世紀の巨星たちが微分積分学の「基盤」として整備したものも、実は単に問題の表面的な書き換えに過ぎなかったという印象を与えることになる。「論証」と「計算」は、やはりそう簡単には溶け合わなかった。むしろ、それは「組み合わされる」ことによって、表面上は「計算」で遂行可能な無限小算術の基礎という形式を整えたに過ぎない、ということにもなる。しかるに、十九世紀の厳密性を重んじる精神が、それまでオカルト的要素が蔓延していた微分積分学に一定の堅実な基盤を与えたと言うとき、それは実際には一体何を意味していたのだろうか?

確かに、数学的な内容だけ見れば、その違いは表面的なものでしかない。その意味では、現代的な極限概念の導入はゼノンやバークリーによる批判に対して、何ら解答とはなっていないのだ。古代ギリシャの頃と同じように、それは単なる問題の回避でしかないことは否定のしようがないのである。もちろん、これには特に数学者の側からの異論もあるだろう。たとえ表面的な問題であっても、新しいスタイルでは「背理法による論証」が表向き回避されている分だけ、それは確かに進歩しているとも言える。「イプシロン・デルタ論法」は、従来ならば背理法による論理的に重たく間接的な「証明」という通過儀礼を経なければならなかった数多の問題に対して、その本質部分を上手にパッケージ化し、少なくとも表向きは計算ベースの議論スタイルが安全に行えるようにした。それだけでもかなりの技術革新であった。以上のような意見もあり得るだろう。

数学の解放

しかし、もう少し広い視点から状況を検討すると、近現代の極限概念には多少なりとも別の意味で重要な肯定的意義があることに気付く。そしてそれは、おそらく多くの数学者たちには見過ごされている観点である。確かに、数学内部の問題としては、それはただの〈言い換え〉に過ぎない。だから、本質的には問題の解決にはなっていないのだ。したがって、それが何らかの意味で、それまでになかった〈堅実な基盤〉をもたらしたとするならば、従来との違いは数学外部の状況に見出されるべきであろう。すなわち、十九世紀の時代思潮の中に、エレアのゼノンの頃やバークリー司教の頃にはなかった何らかのファクターがあり、これが「イプシロン・デルタ論法」による理論基盤の受容を助けた、という観点である。

ここで重要になってくることは、すでに第7章の終わりに軽く触れた「正しさの意味の違い」である。そこで述べたことを手短かに繰り返すと、直接に計算したり確かめたりすることのできる事実、例えば $\frac{1}{2}+\frac{1}{4}+\frac{1}{8}=\frac{7}{8}$ のような等式や「7は素数である」といった数学的事実の正しさは、直接的・有限的な方法で確認することができない数学的現象、例えば、

$$0.999999999\cdots=1$$

のような、極限を含んだ等式の正しさとは、その正しさの意味が異なっているということである。この最後の式も、極限を通じて解釈されるものだから、直接的に確かめられる種類のものではない。古代ギリシャ数学なら背理法によって「証明」するべきものということになるし、現代ならば「lim」という記号を用いて〈計算〉されることになる。

前著『数学する精神』の第2章で筆者は、この種の「正しさの意味の違い」を説明するに際して、「モデルとしての正しさ」という考え方を導入した。すなわち、極限概念や、それを通して十九世紀後半に構築される現代的な実数論は、自然科学的な「モデル」として捉えるべきものな

のである。よく言われるように、現代的な自然科学は素朴実在論的な「自然現象そのもの」を研究対象とするのではなく、そこから慎重に、そして意図的に現象の切片を切り出し、それを説明するために仮説的な「モデル」を構成することを目指す。その上で、できあがった理論の価値は、これらのモデルがある範囲の自然現象を、ある程度の数学的精確さをもって記述することができるか否かで測られる。すなわち、自然科学は現象の直喩的表層ではなく、隠喩的構造に、それもある特定の構造に目を向けているのだ。そこでは、現象の実在的存在様態と純粋思考的論理様態との不一致は、もはや問題ではない。あくまでも「モデル」とは、自然本体から一旦離れて抽象的に構成されるものだからである。

例えば、物理学の原子模型や化学の化学式などは、典型的な自然科学的モデルの例である。これらは実際に物質や化学反応〈そのもの〉を写生しているわけでは決してなく、それらから一旦離れて抽象的に作られたものであり、しかも、対象としての自然にまつわる「ある範囲」の現象を「ある程度」の精確さをもって整合的に記述するように作られたものだ。実際、化学式モデルは分子レベルの現象の記述には役立つが、例えば惑星の運行に関する現象には適用できない。また、近代物理学はニュートン力学という数学的モデルを生み、これは物体の落下や惑星の運行などを数学的に記述する上で、驚くほどの精確さと整合性を実現することができたが、光速レベルの現象や量子的スケールの現象を説明することはできなかった。そのため、相対性理論や量子力学という、また別のモデルが生まれたことは有名である。

このように、現代的な自然科学は、あくまでも「モデル」の構築によって自然現象を説明しようとする。さらに重要なことは、このモデルは常に隠喩的であり、（俗説に反して）むしろ自然現象から離れた抽象的なものであり、しかも仮説的で暫定的なものである。そうであればこそ、自然科学は今日見られるような客観性と精密性を獲得し得たのだ。自然現象を素朴実在論的・直喩的に捉えようとする「前科学的精神」は、決して数学的に精確とはなり得ないし、構造的なものにもならない。そこから一歩先に進んで成熟した意味での「科学的精神」に成長するためには、自然や自然に対する直観から意図的に離れたところに抽象的な枠組みを自ら作り出す精神が必要である。「科学は安全に出来合いの対象をみつけることはけっしてできないので、科学がみずからの対象を現実につくりだすのだ」（バシュラール『科学的精神の形成』一〇九頁）。

西洋の時代精神が、前科学的な状態から脱皮して現代的な自然科学の精神を獲得したのは、概ね十八世紀終わり頃から十九世紀全般を通してであった。もちろん、このような意味での「西洋科学的精神」も一つの歴史的・地域的なものとして相対化できるであろうし、その意味では優れて一つの〈信仰〉なのだと見なせるであろう。しかし、それはさておくとしても、このような時代思潮の変化が、時の数学における〈正しさ〉の「基盤」に陰に陽に作用したであろうことは疑い得ない。そして、この信仰にしたがうなら、ゼノンの逆理に示されたエレア派的な「現実の存在様態と論理的思考との不一致」（第6章参照）は、もはや解決する必要のない問題となるのだ。なぜなら、無限小算術はニュートン力学や化学式などと同じく、一つの「モデル」となるからである。それは確かに数列や関数が「近付く」という数学的現象を記述しようとして考えられたものではあるが、そのために一旦これらの現象から離れた抽象世界で構想されるべきものと位置付けられるわけだ。
以上の議論を、ここで今一度まとめてみよう。

①十九世紀的「数学の算術化」における「基盤」として構想された極限概念は、数学内部の概念的問題として見れば、古代ギリシャのエウドクソスやアルキメデスらによってすでに考えられていたものと本質的に異なるものではない。

②その意味では、これは確かにゼノンの逆理のような「現実と思考の不一致」の問題に対する解答を与えないし、「無限小算術＝微分積分学」内部のオカルト性や論理的不整合の問題も解決していない。むしろ、これらの問題を回避している。

③しかし、その〈回避〉は数学の自己欺瞞や単なる逃避なのではなく、抽象的「モデル」の構成という、当時勃興しつつあった「科学的精神」の信仰基盤に基づいた数学自体の再定式化、あるいは〈再編〉なのである。

最後の点が述べていることは、次のように言い換えてもよい。十九世紀的な「科学的精神」は、その「様式化された正しさ」の地平に「モデルとしての正しさ」という新しい正しさの認識スタイルをもたらし、それによって数学という学問自体をも大幅に刷新した。そして、このような知の再編を通して、数学は現実世界との適切な距離感を獲得した。しかるに、ここでの〈回避〉とは〈逃避〉なのではない。それは実は〈解放〉であったのだ。

もちろんここで、ではその「科学的精神」なるものはどのような背景・出自を持ち、どのように勃興してきたのか、という問題は残る。これについて検討することは本書の目的からはいささか外れることになるし、また筆者の浅学をもってしては、もはや手に負えない問題でもある。その背景は当然ながら西洋数学の発展と無関係ではなかったであろうし、前期近代の西洋精神が古代ギリシャ以来の論証的数学の精神を重く受け継ぎながらも、同時に無限にまつわる数々のアポリアに対する心理的鋭敏さは受け継がなかったことも、その遠因の一つではあろう。しかし、より直接的要因の一つには、おそらく十八世紀フランスに端を発した啓蒙主義思想や、その反動として現れた十九世紀ロマン主義思潮があったものと思われる。十七世紀までの自然哲学は、良くも悪くも神や自然本体との神秘的連続性の中にあった。デカルトやライプニッツ、マルブランシュ、スピノザらにおいては、〈神〉が存在論や認識論における決済的役割を果たしている。そこから神の存在を引き離し、自然哲学を人間と自然との直接的関係に定位し直したのが啓蒙主義であった。そこからさらに進んで、「真理は一つ」という絶対的真理観から脱却し、「真理の相対化」という真理観の変革をロマン主義がもたらすことになる。数学を絶対的な外的自然から解放するという思想的革新の背景には、以上のような「神と人間との関係」の変化と、それに伴う〈信仰〉のあり方の変化がありそうである（その意味で、この時代思潮の変革には、村上陽一郎の「聖俗革命」〔村上陽一郎『近代科学と聖俗革命』〕と似たところがある）。

自然科学と数学

科学的精神という信仰が数学をエレア派以来のアポリアから解放した。このテーゼがもし正しいものならば、それは自然科学と数学との関係性にも興味深い観点をもたらす。

よく言われるように、自然科学は数学を基礎として発展してきた。「自然という書物は数学の言葉で書かれている」とはガリレオの言葉である。数学は自然を記述する言語として科学の基礎部分を与え、その上に自然科学は現象の解明を行う。つまり、数学は基礎で自然科学はその上に立脚するのだ、というのが俗説的な見方であろう。

もちろん、このような見方はいささか一面的過ぎる。数学は自然科学を基礎付けるための学問では決してないし、自然科学は数学的でなければならないという法則もない。例えば、一般相対性理論の誕生がそうであったように、数学的な基礎が科学の理論武装に奉仕するということは少なくないが、数学と自然科学との関係は、常にこのような一方向的なものであったわけでもない。量子力学などの現代理論物理がスペクトル理論や超関数論の触媒となったように、科学の進展が新しい数学理論の構築を要請することは、むしろ少なくないのである。科学と数学の関係は、したがって、優れて双方向的で有機的なものであり、なかなか単純な言葉で表現できるものではない。

しかし、そのような双方向的な有機的関係をさらに超えたレベルで、そもそもの思想的深層の部分で、科学的精神が数学を刷新したということになるならば、両者の関係はさらに密接なものだと理解しなければならないだろう。そして、それだからこそ西洋数学の「十九世紀革命」の意義は深いのだ、ということにもなる。

対象を〈作る〉

十九世紀革命が数学にもたらした変革の中で、特にその「正しさの認識スタイル」の変化に注目するとき、ことに近現代的な科学的精神においては「対象は〈作る〉ものだ」ということの意義が甚大であると思われる。前科学的態度においては、対象とは自然界にすでにある「出来合い」のものであったが、先の引用でバシュラールが述べるように、科学的精神においては、対象とは（モデルとして）新しく作るものとなる。すでに「そこにある」対象を観察する、すなわち直接的な意味で「見る・観る」のではなく、対象は一度自然本体から離れて抽象的に再構成されなければならないというわけだ。その分、認識の決済としての「見る・観る」も間接的にならざるを得ない。

実は、この点は数学において驚くべき認識論上の転回点となっている。数学こそ、昔から自然界の対象をそのままの形で研究する学問ではなかった。数学は対象を〈作る〉のだ。ここで言う「対象」とは数であり、図形であり、関数である。しかし、これらの対象を数学は〈作る〉と言うとき、それが意味する思想的内実の意義には二重三重の歴史的「どんでん返し」がある。というのも、これらの数学の対象は、すでに前科学的段階においてすら、かなりの程度抽象的に作られたものではあったが、現代数学が対象を〈作る〉という意味はこれとは全く異なるからである。

数学があつかう数や図形、関数などは、それだけですでに抽象的な存在である。しかし、それと同時に具体的な事物とも直結した日常的な対象でもある。専門家でない人々が日常生活を送る上で化学式モデルを利用することはほとんどないと言ってよいが、数や図形は誰でも普通に使うものだ。第2章でも述べたように、数の世界に安心して住んでいる現代人は、スーパーで買い物をするときですら抽象的な数の計算を行っている。すなわち、数学の対象は抽象的でありながら、本来事物事象とは切っても切り離せないアンビバレントな存在なのだ。『数学する精神』第1章でも述べたように、数には日常世界と直結した量的・アナログ的側面と、抽象的な記号としてのデジタル的側面という二面性がある。そもそも数とは長さや面積・体積、時間、重さなどの〈量〉を表すものだった。その意味では、数とは常に具体的な事物事象と一体不可分なものである。しかし、それと同時に、そのような具体性を超えたところに〈数〉という概念はあるのだ。同様のことは、幾何学があつかう図形についても言えるであろう。これらのものは具体性と抽象性の狭間に〈漂っている実体〉である。

しかし、科学的精神が示唆する「人間が作る」対象としての数や図形は、このような具体的現象界と一体不可分な存在としてのそれらを一旦解体して、完全に抽象的なモデルとして再構成されたものを意味する。実数や幾何学的図形は「そこにある」ものではなく、人間が一から作り直すべきもの、ということだ。この考え方は現代的な実数論や空間幾何学の基層を担っている。このような「対象を作る」に際して、数学はその建築資材を導入する必要があった。数も空間も関数も、すべてのものの普遍的な材料として、十九世紀後半の西洋数学は次第に「集合」概念の構築に向かう。集合という資材を使って、これらの概念は「作られた」ものとなった。

ここから得られる数学の力動性・自由性には、確かに目をみはるものがあった。数学は古代哲学的な足かせから解放され、自由に自分自身の内なる〈正しさ〉を表現することができるようになった。数学は哲学から解放され、科学になったのだ。その一つの顕われは、例えば、第5章のはじめに考察した「数と線分」の対応関係、いわゆる「数直線モデル」の構築にも見られる。数と線分との間の対応関係には、例えば「通約不可能性の発見」のように、歴史的に様々な認識論上の障害があったことは今までも見てきた通りである。しかし、今や「数」も「直線（空間）」もどちらも自由な〈作る〉の対象となったのだ。しかるに、数と線分との対応は、もはやアポリアではなく公理となった。「直線上のどの点にもただ一つの実数を割り当てることができ、逆にどの実数も直線上の点としてただ一つの形で表せる」という、いわゆる「デデキント－カントールの公理」が生まれたのである。

理性と信仰

もちろん、何もない〈無〉からは何物も作ることはできない。数学におけるほとんどすべての対象が集合という建築資材によって構成されるのだとすれば、ではその集合は何から建設されるのだろうか？　集合こそ数学の第一質料だとなれば、集合も集合から作られるしかない。となれば、その集合もやはり集合から作られなければならなくなり、こうして生成の無限循環に陥る。スコラ哲学だったら第一要因として「神」の存在をそこに見出さざるを得なかっただろう。数学的直観主義の祖としても知られる有名な数学者クロネッカー（一八二三〜九一）は、「自然数は神が作ったが、他は人間が作った」と語ったと言われている。

　いずれにしても、このようなわけで、数学は集合という第一質料すらもモデル化しなければならなかった。ここは自然科学とは異なる数学のシビアな側面である。数学は建築資材すらも作る必要があるのだ。生成の無限循環を回避するために、十九世紀終わりから二十世紀初頭にかけて、数学は「公理論的集合論」という集合論のモデルの構築に努力することになる。これは〈もの＝集合〉とは何か？を問わず、これらを無定義記号として、ただそれらの間の関係性だけをルール化するというものだ。言わば、数学全体を一つの壮大な〈記号のゲーム〉に還元しようという試みである。そして、この「数学のゲーム化」は同時に数学における〈正しさ〉をも一旦解体し再構築することを意味した。すなわち、数学はその正しさすらモデル化しようとしたのである。そこでは、集合は「空集合」、つまり〈無〉の集合と、例えば（第6章にも出てきた）「選択公理」のような〈無限〉に関する諸公理によって〈建築〉される。したがって、計算ベースに算術化された現代数学の対象を支えるものは、「無と無限」に関する公理論的数学という信仰だったということになる。

　もちろん、ここで言う「信仰」とは、もはや神秘宗教的な意味合いの濃いものではない。しかし、それは何らかの意味で「第一質料・第一要因」的な何物かをその基層に据えているという意味では、（あくまでも標語的な意味で）〈信じる〉という精神作用に基づいたものであることは否定できない。現代の数学者といえども、そこは明瞭に認識しておかないと徒な自己欺瞞に陥る危険性がある。一例を挙げれば、ライプニッツの微分積分学は二十世紀の「超準解析」によって厳密に正当化された、とはよく言われることであるが、しかし、超準解析がその基礎に据える超実数体の構成が公理論的集合論に基づいている以上、その「正当化」の意味もその範囲のものとして理解されなければならない。〈信じる〉という精神作用がなかったならば、流率法の極限概念による〈正当化〉と同じく、それは数学内部の単なる堂々巡りに過ぎないと言われても仕方がないのである。

とはいえ、ここで言うところの〈信じる〉という言葉の意味は注意深く考えなければならない。神秘宗教的な信仰と同一視されてしまうのは、一数学者としての筆者の本意ではない。十九世紀終わりの退廃的な社会の空気は、ニーチェをして「神は死んだ」と宣言させた。宗教的〈神〉の現実性が急速に失われつつあった時代潮流の中で、数学はその「基盤」のよりどころを「無・無限」についての内的整合性という信念に求めたように思われる。すなわち、集合論のモデルの〈正しさ〉とは、それがそれ自身として内部に矛盾を含まないこと、と考えられるようになったのだ。自然本体と独立した以上、その〈正しさ〉の規準も外部ではなく数学内部に求められなければならない。しかし、そうすることで〈正しさ〉を客体化し再構成することができる。少なくとも、そう信じることができた。そして、この内的整合性という客観的な――しかし、ゲーデルの不完全性定理によれば往々にして確認不可能な――規準があるからこそ、数学を一つの巨大な知的ゲームと見なし、公理をそのルールと見なす現代的な視点が生まれたのだ。言わば「内的整合性という客観的な規準への信仰」が、現代的な〈信仰〉の姿なのである。

いずれにしても、これによってモデルの内部が全体として整合的であることが、数学者にとって安心して仕事のできる土台となった。そして、それは数学の自然性の根拠ともなったのである。現代でも多くの数学者は、例えば実数論にしても空間の幾何学にしても、それらがいかに抽象的で修得困難なものであっても、本来は極めて〈自然な〉ものだという信念を持っている。筆者も一数学者として、そのような感覚を多く経験しているし、自然であるからこそ、それらの存在根拠や正しさは十分に客観的なのだ、という通常感覚を否定するわけではない。

しかし、もちろん、その自然性の根底には、右に述べた意味の現代的な信仰があり、だとすれば、何らかの意味で〈信じる〉という種類の精神活動が働いていることを完全に否定することはできない。それに、ゲーデルの不完全性定理が示すように、「内的整合性」という規準は原理的に立証不可能なものである。その意味では、第1章最後の問い「数学が正しい根拠は何か？」に、まだ我々は答えられていない。まだまだ我々は数学の〈正しさ〉における「理性と信仰」という両義性を乗り越えられてはいないのである。バークリーの「それ無しでは一般に容認され得る原理の上には何もできないだろうところの、ご立派な抽象化や幾何的形而上学に屈服した」（第三十五節）という言葉が意地悪そうにこだまする。

「奇跡は起こっているのだ！」

現代数学は科学的精神を時代思潮からとり入れることで自由になった。しかし、過去の歴史から完全に解き放たれてしまったのだとすれば、それは単なる数学の自己欺瞞でしかなかっただろう。過去の歴史を引きずっていなければ、数学はその〈正しさ〉の連続性を保つことはできないはずだ。無限や無限小に関する数々のアポリアから解放され、これらを自由に論じることができるようになった後でも、数学はこれらについて〈正しい〉議論を――少なくとも、我々数学者が安心できるほどの整合性を保ちながら――推し進めることができているのは、ある意味において奇跡的なことである。古代ギリシャの天才数学者たちは、これらの問題に直面して安心することができなかった。しかし、現代の我々はこれをほとんど無視してしまっている。それでも、数学は大きな矛盾を抱えることなく進んできた。これは驚くべきことかもしれない。

それどころか、一旦現実の存在様態から離れて抽象的になったはずの「数学的モデル」が、再び現実世界への驚くべき適用を持つことすらある。例えば、一般相対性理論におけるリーマン幾何学の適用だ。

第4章で述べたように、『ユークリッド原論』第一巻は次のような「要請（公準）」から始まっていたことを思い出そう。

【要請（公準）】

1 点から点へと線が引けること。

2 線分を延長して直線を作ることができること。

3 与えられた中心と半径をもつ円が描けること。

4 すべての直角は等しいこと。

5　もし二直線に落ちる直線が二直角より小さい同じ側の内角を作るならば、二直線が限りなく延長されるとき、内角の和が二直角より小さい側で、それらが出会うこと。

ここで最後の極端に長い要請は有名な「第五公準」、あるいは「平行線公理」と呼ばれ、『原論』における幾何（ユークリッド幾何）の性格を特徴付ける重要なものであることは第4章で述べた通りである。

ユークリッド以降の多くの数学者たちは、この第五公準を他の四つの公準から導くことを試みてきた。この公準はユークリッド幾何学において、その本質を左右すると言ってもよいほど重要なものであるが、それが極端に長く公準として最初に定立するには複雑過ぎると思われたからである。彼らはそこで、この公準を否定して、そこから矛盾を導きだそうと試みた。しかし、そのような試みはすべて失敗した。第五公準の意義をどのように理解するべきか、という問題は十九世紀以降の科学的数学が現れるまで明らかとはならなかったのである。

十九世紀になってロバチェフスキー（一七九二〜一八五六）やボヤイ（一八〇二〜六〇）は、この公準を別のものに取り替えても、矛盾のない幾何学体系ができることを発見した。「矛盾のない」とはその体系の内部で整合的になっているという意味である。実際、そうして生まれた幾何学、いわゆる「非ユークリッド幾何学」は、我々が知っている普通の平面幾何学とは似ても似つかない、ある意味奇想天外なものだ。しかし、それはそれで、その内部では矛盾のない整合的な体系を構築する。

ユークリッド以来の古典的平面幾何学は、ソクラテスが僕童のために地面に描いたような、具体的で現実的な図形の幾何学をモデル化したものだと解釈できる。すなわち、「そこにある」対象を考察した理論ということになるわけだ。しかし、非ユークリッド幾何学においては、すでにこのような立場は乗り越えられている。何しろ、それは我々の日常世界のどこにも見出すことのできない幾何学だったからである。すなわち、その幾何学は最初から作られなければならなかった。その意味で、これは優れて西洋科学的精神の所産なのである。

非ユークリッド幾何学はリーマン（一八二六〜六六）によってさらに一般化され「リーマン幾何学」が成立した。これは極めて抽象的な空間の数学モデルとして考えられたものであったが、しかし、これが二十世紀になって一般相対性理論の数学モデルとなった。宇宙（時空）という現実的な事物事象を記述する上で、最も適切なモデルであることがわかったのである。

翻ってみれば、「第五公準を否定する」というのも、一つの壮大な背理法の試みであった。その歴史的背理法によって生まれた非ユークリッド幾何学というモデルは、確かに一旦は目に見（観）える自然から離れて抽象的に作られたものではあったが、それが再び自然現象のさらに奥深くを人間に見（観）せたのである。しかるに、数学の〈正しさ〉とは、たとえ西洋科学的精神という〈信仰〉がそれを解放したとは言っても、どこかで事物事象とは完全に独立ではいられない一体不可分性を保っているのだ。

二十一世紀の今日でも、数学はどんどん進んでいる。そこでは、抽象性がさらに深い重要性を持つようになってきた。のみならず、数学にはまだまだ乗り越えなければならない課題が数多くある。数学内部の問題解決にとどまらず、数学の基礎付けにおいても「理性と信仰」の両義性は数々の思想的問題点を浮き彫りにしてきた。数学はまだまだこれからも変貌しなければならないだろう。その中で、ゼノンの逆理やバークリー司教の批判が、また新しい視野から見直されなければならなくなる日も、そう遠くではないかもしれない。

しかし、どのような変貌を遂げたとしても、いかに高度に抽象性が推し進められたとしても、数学が我々をとりまく日常的な事物事象と奇跡的な連続性を保たないではいられないことは確かである。その〈正しさ〉がいかに儀式化・様式化されようと、それは必ず何らかの具体性と普遍性とを保つであろう。〈正しさ〉は変貌し、かつ、恒久不変なのである。そこに数学という学問の奇跡があるのであり、その奇跡はこれからも続くに違いない。「奇跡は起こっているのだ！」

（『数は科学の言葉』一三五頁）。

エピローグ

ドイツ留学時代、とある数学の老練家の家に食事に呼ばれた折、食卓上の話題は音楽の話になった。ふと、その家の奥様が「不思議なことに数学と音楽は似ているように思うのです」と言われ、これに対して私は「どちらも論理的だからだと思います」と答えた。今から思えば、多少なりとも逆説的なことを意図しての発言だったと思い起こされるが、意外にも、その場に居合わせた人々の中には、この意見に心からの賛意を表す人が少なくなかった。この経験から、音楽と数学はどこまでも似ているという感覚に、さらに自信を深めることができたのを今でも思い出す。そして、以前から漠然と感じていたこの感覚をなんとか言葉で説明できないものか、というのが本書を執筆する個人的な動機であったように思う。

結局、「数学と音楽が似ている」のはなぜだろうか？　その理由の一つとして、第1章では「論理＝流れ」という〈等式〉が背景にあるのではないかと述べた。そして、それを出発点として、音楽的な〈流れ〉を数学の〈正しさ〉の認識における三要素の一つとして提示し、これを踏まえて数学の正しさの深層を様々な角度から検討することができた。もちろん、この本でとりあげることができた側面は、まだまだほんの一部に過ぎない。とはいえ、数学とは「カチコチに機械的で非人間的な理屈の塊」では決してないのだ、ということは伝わったことと思う。

本文では深入りしなかったが、「論理＝流れ」という等式そのものの認知学的・心理学的深層をさらに掘り下げることも興味深いと思う。ここにはおそらく極めて情緒的・感性的なものが見出せると思われるからだ。そもそも論理的に整合している、あるいはもっと嚙み砕けば、例えば数学の問題に対する解答が合っているという感覚は何に由来するのだろうか？　思うに、この感覚はかなりの程度〈気持ちよさ〉に似ている。「論理的に合っている」とは、理屈がスッキリ通っていることであり、その「スッキリ感」が気持ちよさに他ならない。逆に論理的に合っていないと、どうしてもそこにしっくり来ないものが残る。その意味で、論理的不整合とは〈気持ちよくない〉ことなのだ。そこからさらに一歩進めば、論理的整合性・不整合性の根拠も、結局は気持ちよさ・悪さという極めて人間的な感覚でしかないのではないか、とも考えられるだろう。第1章でも述べた仮言的三段論法「『P⇒Q』かつ『Q⇒R』ならば『P⇒R』」が我々に〈合っている〉感をもたらすのは、それが〈気持ちよい〉からなのではないか？「『P⇒Q』かつ『Q⇒R』ならば『R⇒P』」とか「『P⇒Q』かつ『Q⇒R』ならば『S』」などが〈正しくない〉のは、それらが気持ちよくないからなのではないか？　結局、それらが正しい・正しくない根拠も、究極的には気持ちよさしかないのではないだろうか？

「合っている＝気持ちよい」という比較は、音楽においてはもっとわかりやすい。音楽的な「流れ」が、その音楽の属する自然観の範疇において「自然である」こと、第1章の言葉を使えば、始まりと中間と終わりの多重的入れ子構造を通して一貫した内容を主張できる理由は、まさにそれが〈気持ちよい〉からではないだろうか。その意味で、音楽における「論理」とは〈気持ちよさ〉に他ならないとも言えるだろう。そして、その〈気持ちよさ〉というレベルにまで物事を咀嚼し、単純化してしまえば、音楽と数学が似ている理由は、まさに両者が論理的だからということに他ならない、というわけだ。

とはいえ、本文ではこの〈気持ちよさ〉のような情緒的・感性的な言葉を多用することは意図的に避けた。これには理由がある。数学の〈正しさ〉の深層にこのような意味での感性的なものが潜んでいることは、おそらく間違いないことであるし、これには多くの数学者達も賛同するであろう。しかし、それとともに数学の〈正しさ〉には、このような人間的感覚とは独立の普遍性――これこそ絶対性への信仰に過ぎないかもしれないが――もあり、そのような神的な意味での〈正しさ〉も我々は大切にしたい。そのため、感性的な言葉だけが一人歩きしてしまうのは、いささか筆者の本意ではなかったのである。音楽を〈気持ちよさ〉だけで語ってしまうことは、音楽家の本意ではないだろう。

その意味で、〈正しい〉ということは、どこまでも深遠で不思議なものである。数学においては正しい・正しくないの区別がはっきりしており、それが数学という学問の魅力であると同時に、その敷居を高いものにもしている、とはよく言われることだ。正しさの規準が明快であることは確かにそうだとしても、しかし、正しさの根拠は極めて非自明だとしか言いようがない。そもそも〈正しさ〉に根拠などというものがあるのだろうか？　本書ではこの問いには結局答えを与えることができなかったが、数学の〈正しさ〉が少しも自明ではないこと、そしてその非自明性が数学を柔軟性に富んだものにしていることが少しでも伝わっていれば、本書の目的は達せられたものと言うことができると思う。

本書の執筆の話を筑摩書房の田中尚史さんから頂いたのは、二〇一〇年の初頭のことであった。ということは、本書の執筆には三年以上もの時間をかけてしまったことになる。筑摩選書が創刊されると同時に「想像力としての数学（仮題）」として予告されておきながら、なかなか筆が進まなかった。その間、辛抱強く待って頂き、時おり激励の言葉も頂いた田中さんには感謝の意を表したい。

平成二十五年四月　熊本にて

著者

参考文献

以下、引用・参照した文献を初出章のみ掲げる。なお、引用に際しては、一部表記をあらためた。

第2章
プラトン『メノン』副島民雄訳、『プラトン全集5』所収、角川書店、1974年

第3章
小川束・平野葉一『数学の歴史――和算と西欧数学の発展』朝倉書店、2003年
村田全『日本の数学　西洋の数学――比較数学史の試み』ちくま学芸文庫、2008年

第4章
カッツ、ヴィクター『カッツ数学の歴史』上野健爾・三浦伸夫監訳、共立出版、2005年
エウクレイデス『エウクレイデス全集　第1巻　原論Ⅰ－Ⅵ』斎藤憲・三浦伸夫訳／解説、東京大学出版会、2008年
サボー、アルパッド・K『数学のあけぼの――ギリシアの数学と哲学の源流を探る』伊東俊太郎・中村幸四郎・村田全訳、東京図書、1976年
ファーガソン、キティ『ピュタゴラスの音楽』柴田裕之訳、白水社、2011年

ラッセル、バートランド『西洋哲学史1』市井三郎訳、みすず書房、1970年
コーンフォード、F・M『宗教から哲学へ――ヨーロッパ的思惟の起源の研究』廣川洋一訳、東海大学出版会、1987年

第5章

ヴェルデン、ファン・デル『ファン・デル・ヴェルデン 古代文明の数学』加藤文元・鈴木亮太郎訳、日本評論社、2006年
小倉金之助『日本の数学』岩波新書、1940年

第6章

神崎繁・熊野純彦・鈴木泉編『西洋哲学史I――「ある」の衝撃からはじまる』講談社選書メチエ、2011年
ダンツィク、トビアス『数は科学の言葉』ジョセフ・メイザー編、水谷淳訳、日経BP社、2007年
加藤文元『数学する精神――正しさの創造、美しさの発見』中公新書、2007年
ヴァルデン、ヴァン・デル『数学の黎明――オリエントからギリシアへ』村田全・佐藤勝造訳、みすず書房、1984年

第8章

『劉徽註九章算術』川原秀城訳、藪内清編『科学の名著２　中国天文学・数学集』所収、朝日出版社、１９８０年
加藤文元『物語　数学の歴史――正しさへの挑戦』中公新書、２００９年
林隆夫『インドの数学――ゼロの発明』中公新書、１９９３年
ラーシェド、ロシュディ『アラビア数学の展開』三村太郎訳、東京大学出版会、２００４年
Plofker, Kim: *Mathematics in India*, Princeton University Press, 2008
Lyons, Jonathan: *The House of Wisdom; How the Arabs Transformed Western Civilization*, Bloomsbury Publishing, 2009

第９章

伊東俊太郎『文明の誕生』、『伊東俊太郎著作集第９巻　比較文明史』所収、麗澤大学出版会、２００９年
Bos, Henk J.M.: Differentials, Higher-Order Differentials and the Derivative in the Leibnizian Calculus, *Archive for History of Exact Sciences*, Vol. 14 (1974), 1–90

第10章

バシュラール、ガストン『科学的精神の形成――対象認識の精神分析のために』及川馥訳、平凡社ライブラリー、平凡社、２０１２年
村上陽一郎『近代科学と聖俗革命』新曜社、１９７６年

加藤文元 かとう・ふみはる

一九六八年仙台市生まれ。東京工業大学理学院数学系教授。一九九七年、京都大学大学院理学研究科数学・数理解析専攻博士後期課程修了。九州大学大学院数理学研究科（当時）助手、京都大学大学院理学研究科准教授、熊本大学大学院自然科学研究科教授を経て、二〇一六年より現職。著書に『数学する精神』『物語 数学の歴史』（以上、中公新書）、『宇宙と宇宙をつなぐ数学』（角川書店）、訳書に『ファン・デル・ヴェルデン 古代文明の数学』（共訳、日本評論社）がある。

筑摩選書 0069

数学《すうがく》の想像力《そうぞうりょく》 正《ただ》しさの深層《しんそう》に何《なに》があるのか

二〇一三年 六 月 一五日 初版第一刷発行
二〇二二年 七 月 一五日 初版第三刷発行

著 者 加《か》藤《とう》文《ふみ》元《はる》
発行者 喜入冬子
発 行 株式会社筑摩書房
東京都台東区蔵前二-五-三 郵便番号 一一一-八七五五
電話番号 〇三-五六八七-二六〇一（代表）
装幀者 神田昇和
印 刷 株式会社加藤文明社
製 本 中央精版印刷株式会社

本書をコピー、スキャニング等の方法により無許諾で複製することは、法令に規定された場合を除いて禁止されています。請負業者等の第三者によるデジタル化は一切認められていませんので、ご注意ください。

乱丁・落丁本の場合は送料小社負担でお取り替えいたします。

©Kato Fumiharu 2013 Printed in Japan ISBN978-4-480-01575-4 C0341

筑摩選書
0001

武道的思考

内田 樹

武道は学ぶ人を深い困惑のうちに叩きこむ。あらゆる術は「謎」をはらむがゆえに生産的なのである。今こそわれわれが武道に参照すべき「よく生きる」ためのヒント。

筑摩選書
0002

江戸絵画の不都合な真実

狩野博幸

近世絵画にはまだまだ謎が潜んでいる。若冲、芦雪、写楽など、作品を虚心に見つめ、文献資料を丹念に読み解くことで、これまで見逃されてきた〝真実〟を掘り起こす。

筑摩選書
0003

荘子と遊ぶ
禅的思考の源流へ

玄侑宗久

『荘子』はすこぶる面白い。読んでいると「常識」という桎梏から解放される。それは「心の自由」のための哲学だ。魅力的な言語世界を味わいながら、現代的な解釈を試みる。

筑摩選書
0004

現代文学論争

小谷野 敦

かつて「論争」がジャーナリズムの華だった時代があった。本書は、臼井吉見『近代文学論争』の後を受け、主として七〇年以降の論争を取り上げ、どう戦われたか詳説する。

筑摩選書
0005

不均衡進化論

古澤 滿

DNAが自己複製する際に見せる奇妙な不均衡。そこから生物進化の驚くべきしくみが見えてきた！ カンブリア爆発の謎から進化加速の可能性にまで迫る新理論。

筑摩選書
0006

我的日本語
The World in Japanese

リービ英雄

日本語を一行でも書けば、誰もがその歴史を体現する。異言語との往還からみえる日本語の本質とは。日本語を母語とせずに日本語で創作を続ける著者の自伝的日本語論。

筑摩選書
0007
日本人の信仰心
前田英樹
日本人は無宗教だと言われる。だが、列島の文化・民俗には古来、純粋で普遍的な信仰の命が見てとれる。大和心の古層を掘りおこし、「日本」を根底からとらえなおす。

筑摩選書
0008
視覚はよみがえる
三次元のクオリア
S・バリー
宇丹貴代実 訳
回復しないとされた立体視力が四八歳で奇跡的に戻った時、風景も音楽も思考も三次元で現れた――。神経生物学者が自身の体験をもとに、脳の神秘と視覚の真実に迫る。

筑摩選書
0009
日本人の暦　今週の歳時記
長谷川 櫂
日本人は三つの暦時間を生きている。本書では、季節感豊かな日本文化固有の時間を歳時記をもとに再構成。四季の移ろいを慈しみ、古来のしきたりを見直す一冊。

筑摩選書
0010
経済学的思考のすすめ
岩田規久男
世の中には、「将来日本は破産する」といったインチキ経済論がまかり通っている。ホンモノの経済学の思考法を用いてさまざまな実例をあげ、トンデモ本を駆逐する！

筑摩選書
0011
現代思想のコミュニケーション的転回
高田明典
現代思想は「四つの転回」でわかる！「モノ」から「コミュニケーション」へ、「わたし」から「みんな」へと至った現代思想の達成と使い方を提示する。

筑摩選書
0012
フルトヴェングラー
奥波一秀
二十世紀を代表する巨匠、フルトヴェングラー。変動してゆく政治の相や同時代の人物たちとの関係を通し、音楽家の再定位と思想の再解釈に挑んだ著者渾身の作品。

筑摩選書
0013

甲骨文字小字典

落合淳思

漢字の源流「甲骨文字」のうち、現代日本語の基礎となっている教育漢字中の三百余字を収録。最新の研究でその成り立ちと意味の古層を探る。漢字文化を愛する人の必携書。

筑摩選書
0014

瞬間を生きる哲学

〈今ここ〉に佇む技法

古東哲明

私たちは、いつも先のことばかり考えて生きている。だが、本当に大切なのは、今この瞬間の充溢なのではないだろうか。刹那に存在のかがやきを見出す哲学。

筑摩選書
0015

宇宙誕生

原初の光を探して

M・チャウン
水谷淳 訳

二〇世紀末、人類はついに宇宙誕生の証、ビッグバンの残光を発見した。劇的な発見からもたらされた驚くべき宇宙の真実とは——。宇宙のしくみと存在の謎に迫る。

筑摩選書
0016

最後の吉本隆明

勢古浩爾

「戦後最大の思想家」「思想界の巨人」と冠される吉本隆明。その吉本がこだわった「最後の親鸞」の思考に倣い、「最後の吉本隆明」の思想の本質を追究する。

筑摩選書
0017

思想は裁けるか

弁護士・海野《うんの》普吉《しんきち》伝

入江曜子

治安維持法下、河合栄治郎、尾崎行雄、津田左右吉など思想弾圧が学者やリベラリストにまで及んだ時代、その弁護に孤軍奮闘した海野普吉。冤罪を憎んだその生涯とは？

筑摩選書
0018

内臓の発見

西洋美術における身体とイメージ

小池寿子

中世後期、千年の時を超えて解剖学が復活した。人体内部という世界の発見は、人間精神に何をもたらしたか。身体をめぐって理性と狂気が交錯する時代を逍遥する。

筑摩選書
0019
シック・マザー
心を病んだ母親とその子どもたち

岡田尊司

子どもの心や発達の問題とみなされる事象の背後に、母親の病が隠されていた！　精神医学の立場から「機能不全に陥った母とその子」の現実を検証、克服の道を探る。

筑摩選書
0020
利他的な遺伝子
ヒトにモラルはあるか

柳澤嘉一郎

遺伝子は本当に「利己的」なのか。他人のために生命さえ投げ出すような利他的な行動や感情は、なぜ生まれるのか。ヒトという生きものの本質に迫る進化エッセイ。

筑摩選書
0021
贈答の日本文化

伊藤幹治

モース『贈与論』などの民族誌的研究の成果を踏まえ、贈与・交換・互酬性のキーワードと概念を手がかりに、日本文化における贈答の世界のメカニズムを読み解く。

筑摩選書
0022
日本語の深層
〈話者のイマ・ココ〉を生きることば

熊倉千之

日本語の助動詞「た」は客観的過去を示さない。文中に遍在する「あり」の分析を通して日本語の発話の「イマ・ココ」性を究明し、西洋語との違いを明らかにする。

筑摩選書
0023
天皇陵古墳への招待

森浩一

いまだ発掘が許されない天皇陵古墳。本書では、天皇陵古墳をめぐる考古学の歩みを振り返りつつ、古墳の地理的位置・形状、文献資料を駆使し総合的に考察する。

筑摩選書
0024
脳の風景
「かたち」を読む脳科学

藤田一郎

宇宙でもっとも複雑な構造物、脳。顕微鏡を通して内部を見ると、そこには驚くべき風景が拡がっている！　脳の実体をビジュアルに紹介し、形態から脳の不思議に迫る。

筑摩選書 0025

芭蕉 最後の一句
生命の流れに還る

魚住孝至

清滝や波に散り込む青松葉――この辞世の句に、どのような思いが籠められているのか。不易流行から軽みへ、境涯深まる最晩年に焦点を当て、芭蕉の実像を追う。

筑摩選書 0026

関羽
神になった「三国志」の英雄

渡邉義浩

「三国志」の豪傑は、なぜ商売の神として崇められるようになったのか。史実から物語、そして信仰の対象へ。その変遷を通して描き出す、中国精神史の新たな試み。

筑摩選書 0027

「窓」の思想史
日本とヨーロッパの建築表象論

浜本隆志

建築物に欠かせない「窓」。それはまた、歴史・文化的にきわめて興味深い表象でもある。そこに込められた意味を日本とヨーロッパの比較から探るひとつの思想史。

筑摩選書 0028

日米「核密約」の全貌

太田昌克

日米核密約……。長らくその真相は闇に包まれてきた。それはなぜ、いかにして取り結ばれたのか。日米双方の関係者百人以上に取材し、その全貌を明らかにする。

筑摩選書 0029

農村青年社事件
昭和アナキストの見た幻

保阪正康

不況にあえぐ昭和12年、突如全国で撒かれた号外新聞。そこには暴動・テロなどの見出しがあった。昭和最大規模のアナキスト弾圧事件の真相と人々の素顔に迫る。

筑摩選書 0030

公共哲学からの応答
3・11の衝撃の後で

山脇直司

3・11の出来事は、善き公正な社会を追求する公共哲学という学問にも様々な問いを突きつけることとなった。その問題群に応えながら、今後の議論への途を開く。

筑摩選書
0031

日本の伏流
時評に歴史と文化を刻む

伊東光晴

通貨危機、政権交代、大震災・原発事故を経ても、日本は変わらない。現在の閉塞状況は、いつ、いかにして始まったのか。変動著しい時代の深層を経済学の泰斗が斬る！

筑摩選書
0032

水を守りに、森へ
地下水の持続可能性を求めて

山田 健

日本が水の豊かな国というのは幻想にすぎない。水を養うはずの森がいま危機的状況にある。一体何が起こっているのか。百年先を見すえて挑む森林再生プロジェクト。

筑摩選書
0033

グローバル化と中小企業

中沢孝夫

企業の海外進出は本当に国内産業を空洞化させるのか。圧倒的な開発力と技術力を携え東アジア諸国へ進出した中小企業から、グローバル化の実態と要件を検証する。

筑摩選書
0034

反原発の思想史
冷戦からフクシマへ

絓 秀実

中ソ論争から「68年」やエコロジー、サブカルチャーを経てフクシマへ。複雑に交差する反核運動や「原子力の平和利用」などの論点から、3・11が顕在化させた現代史を描く。

筑摩選書
0035

生老病死の図像学
仏教説話画を読む

加須屋誠

仏教の教理を絵で伝える説話画をイコノロジーの手法で読み解くと、中世日本人の死生観が浮かび上がる。生活史・民俗史をも視野に入れた日本美術史の画期的論考。

筑摩選書
0036

伊勢神宮と古代王権
神宮・斎宮・天皇がおりなした六百年

榎村寛之

神宮をめぐり、交錯する天皇家と地域勢力の野望。王権は何を夢見、神宮は何を期待したのか？ 王権の変遷に翻弄され変容していった伊勢神宮という存在の謎に迫る。

筑摩選書
0037

主体性は教えられるか

岩田健太郎

主体的でないと言われる日本人。それはなぜか。この国の学校教育が主体性を涵養するようにはできていないのではないか。医学教育をケーススタディとして考える。

筑摩選書
0038

救いとは何か

森岡正博
山折哲雄

この時代の生と死について、救いについて、人間の幸福について、信仰をもつ宗教学者と、宗教をもたない哲学者が鋭く言葉を交わした、比類なき思考の記録。

筑摩選書
0039

長崎奉行
等身大の官僚群像

鈴木康子

江戸から遠く離れ、国内で唯一海外に開かれた町、長崎を統べる長崎奉行。彼らはどのような官僚人生を生きたのか。豊富な史料をもとに、その悲喜交々を描き出す。

筑摩選書
0040

100のモノが語る世界の歴史1
文明の誕生

N・マクレガー
東郷えりか 訳

大英博物館が所蔵する古今東西の名品を精選。遺されたモノに刻まれた人類の記憶を読み解き、今日までの文明の歩みを辿る。新たな世界史へ挑む壮大なプロジェクト。

筑摩選書
0041

100のモノが語る世界の歴史2
帝国の興亡

N・マクレガー
東郷えりか 訳

紀元前後、人類は帝国の時代を迎える。多くの文明が姿を消し、遺された物だけが声なき者らの声を伝える――。大英博物館とBBCによる世界史プロジェクト第2巻。

筑摩選書
0042

100のモノが語る世界の歴史3
近代への道

N・マクレガー
東郷えりか 訳

すべての大陸が出会い、発展と数々の悲劇の末にわれわれ人類がたどりついた「近代」とは何だったのか――。大英博物館とBBCによる世界史プロジェクト完結篇。

筑摩選書 0043

悪の哲学　中国哲学の想像力

中島隆博

孔子や孟子、荘子など中国の思想家たちは「悪」について、どのように考えてきたのか。現代にも通じるこの問題と格闘した先人の思考を、斬新な視座から読み解く。

筑摩選書 0044

さまよえる自己
ポストモダンの精神病理

内海健

「自己」が最も輝いていた近代が終焉した今、時代を映す精神の病態とはなにか。臨床を起点に心や意識の起源に遡り、主体を喪失した現代の病理性を解明する。

筑摩選書 0045

北朝鮮建国神話の崩壊
金日成と「特別狙撃旅団」

金賛汀

捏造され続けてきた北朝鮮建国者・金日成の抗日時代。関係者の証言から明るみに出た歴史の姿とは。北朝鮮現代史の虚構を突き崩す著者畢生のノンフィクション。

筑摩選書 0046

寅さんとイエス

米田彰男

イエスの風貌とユーモアは寅さんに類似している。聖書学の成果に「男はつらいよ」の精緻な読みこみを重ね合わせ、現代に求められている聖なる無用性の根源に迫る。

筑摩選書 0047

災害弱者と情報弱者
3・11後、何が見過ごされたのか

田中幹人　標葉隆馬　丸山紀一朗

東日本大震災・原発事故をめぐる膨大な情報を精緻に解析、その偏りと格差、不平等を生み出す社会構造を明らかにし、災害と情報に対する新しい視座を提示する。

筑摩選書 0048

宮沢賢治の世界

吉本隆明

著者が青年期から強い影響を受けてきた宮沢賢治について、機会あるごとに生の声で語り続けてきた三十数年に及ぶ講演のすべてを収録した貴重な一冊。全十一章。

筑摩選書
0049

身体の時間
〈今〉を生きるための精神病理学

野間俊一

加速する現代社会、時間は細切れになって希薄化し、心身に負荷をかける。新型うつや発達障害、解離などの臨床例を検証、生命性を回復するための叡智を探りだす。

筑摩選書
0050

敗戦と戦後のあいだで
遅れて帰りし者たち

五十嵐惠邦

戦争体験をかかえて戦後を生きるとはどういうことか。五味川純平、石原吉郎、横井庄一、小野田寛郎、中村輝夫……。彼らの足跡から戦後日本社会の条件を考察する。

筑摩選書
0051

フランス革命の志士たち
革命家とは何者か

安達正勝

理想主義者、日和見、煽動者、実務家、英雄——真に世界を変えるのはどんな人物か。フランス革命の志士の生き様から、混迷と変革の時代をいかに生きるかを考える。

筑摩選書
0052

ノーベル経済学賞の40年（上）
20世紀経済思想史入門

T・カリアー
小坂恵理 訳

ミクロにマクロ、ゲーム理論に行動経済学。多彩な受賞者の業績と人柄から、今日のわれわれが直面している問題が見えてくる。経済思想を一望できる格好の入門書。

筑摩選書
0053

ノーベル経済学賞の40年（下）
20世紀経済思想史入門

T・カリアー
小坂恵理 訳

経済学は科学か。彼らは何を発見し、社会にどんな功績を果たしたのか。経済学賞の歴史をたどり、経済学と人類の未来を考える。経済の本質をつかむための必読書。

筑摩選書
0054

世界正義論

井上達夫

超大国による「正義」の濫用、世界的な規模で広がりゆく貧富の格差……。こうした中にあって「グローバルな正義」の可能性を原理的に追究する政治哲学の書。

筑摩選書
0055

「加藤周一」という生き方

鷲巣力

鋭い美意識と明晰さを備えた加藤さんは、自らの仕事と人生をどのように措定していったのだろうか。没後に遺された資料も用いて、その「詩と真実」を浮き彫りにする。

筑摩選書
0056

哲学で何をするのか
文化と私の「現実」から

貫成人

哲学は、現実をとらえるための最高の道具である。私たちが一見自明に思っている「文化」のあり方、「私」の存在を徹底して問い直す。新しいタイプの哲学入門。

筑摩選書
0057

デモのメディア論
社会運動社会のゆくえ

伊藤昌亮

アラブの春、ウォール街占拠、反原発デモ……いま世界中で沸騰するデモの深層に何があるのか。ソーシャルメディア時代の新しい社会運動の意味と可能性に迫る。

筑摩選書
0058

シベリア鉄道紀行史
アジアとヨーロッパを結ぶ旅

和田博文

ロシアの極東開発の重点を担ったシベリア鉄道。近代史に翻弄されたこの鉄路を旅した日本人の記述から、西欧へのツーリズムと大国ロシアのイメージの変遷を追う。

筑摩選書
0059

放射能問題に立ち向かう哲学

一ノ瀬正樹

放射能問題は人間本性を照らし出す。本書では、理性を脅かし信念対立に陥りがちな問題を哲学的思考法で問い詰め、混沌とした事態を収拾するための糸口を模索する。

筑摩選書
0060

近代という教養
文学が背負った課題

石原千秋

日本の文学にとって近代とは何だったのか？　文学が背負わされた重い課題を捉えなおし、現在にも生きる「教養」の源泉を、時代との格闘の跡にたどる。

筑摩選書 0061

比喩表現の世界
日本語のイメージを読む

中村明

比喩は作者が発見し創作した、イメージの結晶であり世界解釈の手段である。日本近代文学選りすぐりの比喩表現を鑑賞し、その根源的な力と言葉の魔術を堪能する。

筑摩選書 0062

中国の強国構想
日清戦争後から現代まで

劉傑

日清戦争の敗北とともに湧き起こった中国の強国化への意志。鍵となる考え方を読み解きながら、その国家構想の変遷を追い、中国問題の根底にある論理をあぶり出す。

筑摩選書 0063

戦争学原論

石津朋之

人類の歴史と共にある戦争。この社会的事象を捉えるにはどのようなアプローチを取ればよいのか。タブーを超え、日本における「戦争学」の誕生をもたらす試論の登場。

筑摩選書 0064

トラウマ後　成長と回復
心の傷を超えるための6つのステップ

S・ジョゼフ
北川知子 訳

病いのように見られてきた「心の傷」が、人に成長をもたらす鍵になる。トラウマの見方を変え、新たな人生を手にするための方法とは。第一人者が説く新しい心理学。

筑摩選書 0065

プライドの社会学
自己をデザインする夢

奥井智之

我々が抱く「プライド」とは、すぐれて社会的な事象なのではないか。「理想の自己」をデザインするとは何を意味するのか。10の主題を通して迫る。

筑摩選書 X003

明治への視点
『明治文學全集』月報より

筑摩書房編集部編

明治の文学遺産を網羅した『明治文學全集』月報所収の随筆を集める。当代一流の執筆者たちが、時代の佇まい、作家の面影を自在に綴り、「明治」を立体的に描き出す。